Kumulations-Logik

Eine Theorie für vage Aussagen

Über die Titelgrafik:

Die Titelgrafik ist aus den Graphen der kumulativ unabhängigen Bewertungen aller zweistelligen logischen Junktionen zusammengesetzt. Die Graphen sind so zusammengesetzt, dass sie stetig aneinander anschließen.

Die Anordnung stellt den Schriftzug "c-lo" dar (für c-logic = cumulation logic).

Kumulations-Logik

Eine Theorie für vage Aussagen

Frank Kowalewski

Bibliografische Information der Deutschen Nationalbibliothek:
Die Deutsche Nationalbibliothek verzeichnet diese Publikation in der
Deutschen Nationalbibliografie;
detaillierte bibliografische Daten sind im Internet über http://dnb.dnb.de abrufbar.

Umschlaggestaltung und Bilder: Frank Kowalewski

Herstellung und Verlag:
BoD - Books on Demand, Norderstedt

ISBN: 9783739206769

Inhalt

1

Einführung

Klassische Logik beruht auf zweiwertigen Aussagen, die entweder wahr oder falsch sein können.

Es gibt verschiedene Versuche, klassische Logik auf mehrwertige (vage) Aussagen zu erweitern.

Zum Beispiel lässt die Fuzzy-Logik neben wahr und falsch auch andere Wahrheitsgrade für Aussagen zu. Dies tut sie allerdings mit dem Nachteil einer willkürlich festgelegten Bedeutung ihrer Zwischen-Wahrheitswerte.

Außerdem gelten weder der für die klassische Logik grundlegende Satz vom ausgeschlossenen Dritten noch der für Schlussfolgerungen grundlegende Modus Ponens.

Die im Folgenden beschriebene Logik vermeidet diese Nachteile und vereint die Vorteile vager Logik mit denen der klassischen Logik.

Die neue Logik umfasst sowohl die klassische Logik als auch Supervaluationen und Teile der Fuzzy-Logik und vereint diese Theorien so in einer einzigen.

Die nicht durch die neue Theorie erfassten Teile der Fuzzy-Logik sind gerade die unbefriedigenden Teile der Fuzzy-Logik. Die Theorie zeigt die Ursachen für deren Unbefriedigtsein und macht einen Korrekturvorschlag.

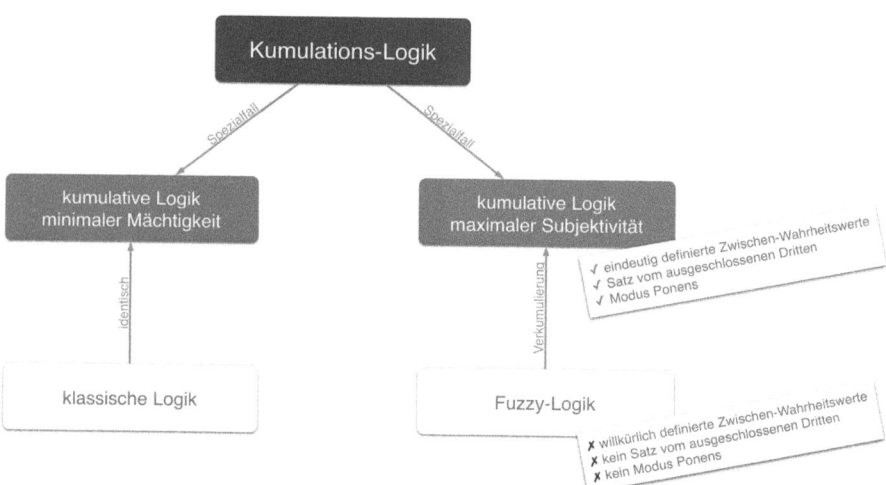

Bild 1.1: Kumulations-Logik.

Das Grundprinzip der neuen Logik ist die Zusammenfassung mehrerer klassischer Bewertungen zu kumulativen Bewertungen. Wir nennen die Logik daher Kumulations-Logik.

2

Logische Aussagen

Logische Aussagen sind Aussagen, denen Wahrheitswerte zugeordnet werden können.

Klassische Aussagen-Logik ist zweiwertig: Entweder ist eine Aussage wahr, oder sie ist falsch. Keine anderen Werte sind zugelassen.

Zur Beschreibung der realen Welt scheint es in vielen Fällen angemessener, auch vage (d.h. nicht eindeutig wahre oder falsche) Aussagen zuzulassen.

Zum Beispiel kann die Aussage "der Ball ist groß" in klassischer Logik nur die Werte wahr oder falsch annehmen. Diese Einschränkung scheint nicht angemessen, um einen Ball zu beschreiben, der weder eindeutig groß noch eindeutig klein ist, weil seine Größe zwischen diesen Werten liegt.

Entsprechend üblichem Sprachgebrauch erscheint es angemessener, verschiedene Grade von "Großsein" zuzulassen - z.B. "gar nicht groß", "etwas groß", "mittelgroß", "groß", "sehr groß".

Die Unbestimmtheit des Wahrheitswertes einer vagen Aussage kann durch Wahrheitsgrade erfasst werden, die zwischen den Werten wahr und falsch liegen. Vage Aussagen werden dann graduell und mehrwertig.

Beide Arten von Aussagen, zweiwertige ("der Ball ist groß") und mehrwertige ("der Ball ist groß zu einem bestimmten Grad"), haben das Problem, nicht in eindeutiger Weise mit der Welt verbunden zu sein. Je nach Aussagendem erhält man verschiedene Bewertungen für die Aussage "der Ball ist groß". Beide Aussage-Arten erscheinen nicht wohldefiniert, da ihre Bedeutung nicht eindeutig ist.

Die im Folgenden beschriebene Kumulations-Logik löst diese Probleme. Sie vereinigt zweiwertige und mehrwertige Aussagen in einer Theorie und gibt Aussagen eine eindeutige Verbindung mit der realen Welt.

Das Grundprinzip der Kumulations-Logik ist es, mehrwertige Aussagen durch zweiwertige Aussagen zu modellieren, indem viele zweiwertige Aussagen zu einer mehrwertigen Aussage zusammengefasst werden.

Viele reale physikalische Messungen (damit sind auch Wahrnehmungen durch Lebewesen gemeint) scheinen auf diesem Grundprinzip zu basieren:

Zum Beispiel kann die Messung von "Großheit" über Fotorezeptoren der Retina erfolgen. Ein Fotorezeptor ist entweder aktiv, oder er ist nicht aktiv. Wenn ein Fotorezeptor aktiviert ist, so bedeutet dies, dass die Ausdehnung (d.h. die Größe) des Balls über einem bestimmten Schwellwert liegt. Der Fotorezeptor macht also zweiwertige Aussagen über die Größe des Balls.

Viele Fotorezeptoren an unterschiedlichen Stellen der Retina messen die Großheit des Balles mit verschiedenen "Großheits"-Schwellwerten.

Aus den vielen Einzelmessungen von "Großheit" kann ein "Großheits"-Grad bestimmt werden: Alle Fotorezeptoren stimmen über die Aussage "der Ball ist groß" ab. Die Häufigkeit der positiven (d.h. als wahr bewerteten) zweiwertigen "Großheits"-Aussagen der Fotorezeptoren kann dann als Grad der "Großheit" des Balls angesehen werden (Bild 2.1)

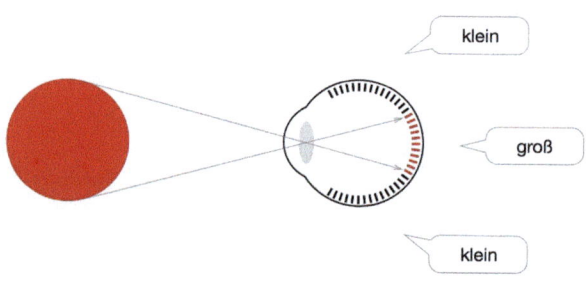

Bild 2.1: Grundprinzip der Kumulations-Logik am Beispiel von Fotorezeptoren.

Auch Intensitätsmessungen (wie z.B. Helligkeits-Messungen) können auf einer Menge zweiwertiger Messungen basieren. Dabei werden verschiedene Rezeptoren durch verschiedene (z.B. Licht-) Intensitäten aktiviert. Oder die Rezeptoren werden verschieden häufig aktiviert, und die Aktivitäts-Häufigkeit wird durch nachfolgende verarbeitende Neuronen durch zeitliche Integration bestimmt.

Nach demselben Prinzip werden auch in der Physik Energien gemessen. Elementare Messungen kleinster Energie-Pakete (wie z.B. in Form von Photonen oder anderen Elementarteilchen) werden dabei zu einer Gesamtmessung zusammengefasst.

Alle diese Messungen sind mikroskopisch zweiwertig. Sie erscheinen nur makroskopisch mehrwertig, weil viele (zweiwertige) Messungen zu einer Gesamtmessung zusammengefasst werden (Bild 2.2).

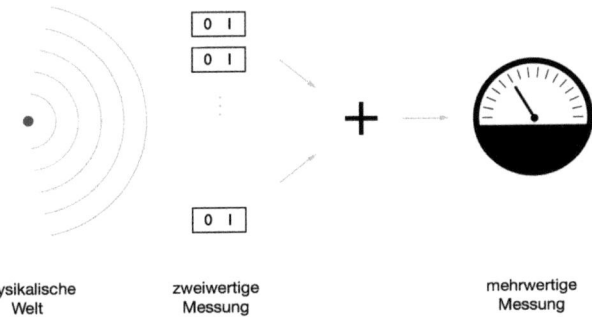

physikalische   zweiwertige   mehrwertige
Welt   Messung   Messung

Bild 2.2: Zusammenfassung zweiwertiger Messungen zu einer Gesamtmessung.

Anmerkung:

In der Physik werden die Werte physikalischer Größen nicht nur nach dem Prinzip der Kumulation vieler Einzelmessungen bestimmt. Viele physikalische Größen werden stattdessen durch den Vergleich mit einer definierten Referenz bestimmt. Der Vergleich erfolgt durch eine zweiwertige Messung.

Die folgenden Abschnitte und Kapitel formalisieren und vertiefen den Grundgedanken der Zusammenfassung vieler Aussagen-Bewertungen zu einer kumulativen Bewertung.

2.1 Bewertungen

Logische Aussagen sind dadurch gekennzeichnet, dass ihnen Wahrheitswerte zugeordnet werden können.

Wir definieren:

Definition:

1. Eine Zuordnung v von Wahrheitswerten zu Aussagen p_i:

$$v : p_i \mapsto v(p_i) \quad mit \quad v(p_i) \in [0, 1]$$

heißt Bewerter der Aussagen p_i.

2. Die Gesamtheit der den Aussagen p_i durch den Bewerter v zugeordneten Wahrheitswerte $v_i = v(p_i)$ heißt Bewertung der Aussagen p_i.

Bewerter können als Instanzen, die eine Bewertung abgeben, gedacht werden.

Bewertungen können zwei- oder mehrwertig sein.

Zum Beispiel hat die Aussage p = "der Ball ist rot" als zweiwertige Aussage die möglichen Bewertungen $v(p) = 0$ (falsch) und $v(p) = 1$ (wahr). Als mehrwertige Aussage hat p die möglichen Bewertungen $v(p) \in [0, 1]$.

Aussagen können mehrfach bewertet sein. Wir definieren:

Definition:

    1. Eine Menge von Bewertungen $v^{(j)}(p_i)$ derselben Aussagen p_i heißt Bewertungs-Gemeinschaft der Aussagen p_i.

    2. Die Menge der zugehörigen Bewerter $v^{(j)}$ heißt Bewerter-Gemeinschaft der Aussagen p_i.

Anmerkung:

Die Anzahl der Bewertungen einer Bewertungs-Gemeinschaft kann endlich oder aber unendlich sein.

Wenn die Anzahl unendlich ist, kann die Bewertungs-Gemeinschaft abzählbar oder überabzählbar unendlich sein.

Im Falle überabzählbar unendlicher Bewertungs-Gemeinschaften ist der Index j der Bewertungen keine ganze Zahl, sondern Element einer überabzählbaren Menge (wie z.B. der rellen Zahlen $\mathbb{R}$).

Die Bewertungen einer Bewertungs-Gemeinschaft können verschieden sein.

Gründe für verschiedene Bewertungen durch reale (d.h. auf physikalischen Messungen beruhende) Bewerter können sein (Bild 2.3):

- Verschiedenes Verständnis einer Aussage.
  Zum Beispiel kann die Aussage "der Ball ist rot" verstanden werden als Ergebnis einer Messung des absoluten Rotanteils oder aber des relativen Rotanteils der Farbe des Balles. Die Aussage "der Ball ist groß" kann als Ergebnis einer Messung der Höhe, der Breite, der Länge, des Volumens oder des Umfangs des Balles verstanden werden. Für zweiwertige Messungen können außerdem verschiedene Schwellwerte angenommen sein.

- Verschiedene Messgenauigkeiten (Auflösungen) von Messgeräten.
  Zum Beispiel ist die räumliche Auflösung des menschlichen Auges in der Fovea größer als in Randbereichen der Retina.

- Verschiedene systematische Messfehler.
  Zum Beispiel nimmt das menschliche Auge Objekte systematisch größer wahr, wenn eine vergrößernde Brille getragen wird.

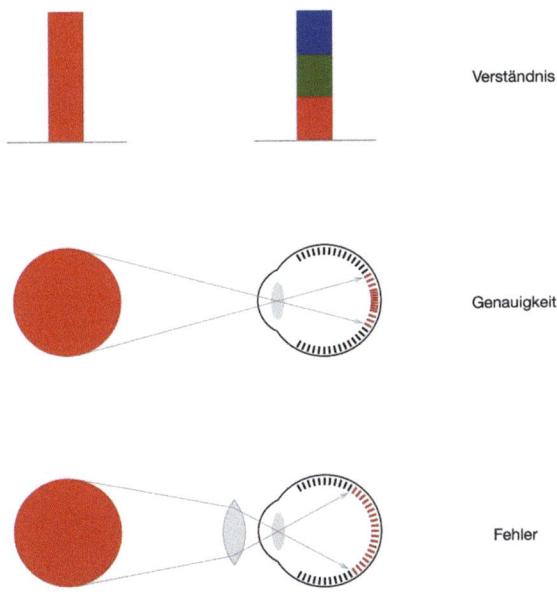

Bild 2.3: Mögliche Gründe für differierende Bewertungen.

Dass Bewerter eine Aussage verschieden bewerten können, bedeutet, dass Bewertungen relativ sind (relativ zum Bewerter).

Eine Aussagen-Bewertung ist daher erst vollständig beschrieben, wenn auch der zugehörige Bewerter mit angegeben wird. Dann hat die Bewertung die eindeutige Bedeutung "die Aussage p hat die Bewertung $v(p)$ durch den Bewerter v".

Zum Beispiel ist eine Bewertung der Aussage "der Ball ist groß" allein unzureichend definiert. Die Bewertung ist aber wohldefiniert, wenn der zugehörige Bewerter angegeben wird (beispielsweise eine Person, die die Bewertung vorgenommen hat). Denn dadurch ist festgelegt, was genau unter der Bewertung der Aussage verstanden wird (nämlich das, was der Bewerter darunter versteht) (Bild 2.4).

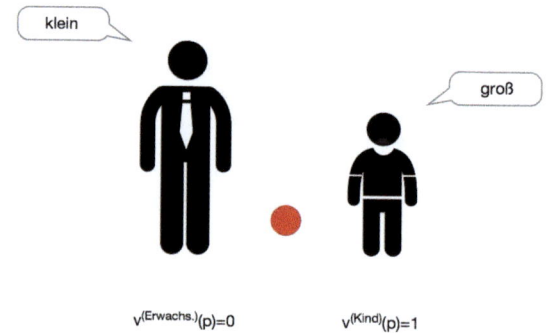

Bild 2.4: Wohldefinierte Bewertungen.

2.2 Schwellwert-Bewerter

Bewerter verbinden die physikalische Welt mit logischen Aussagen über die physikalische Welt. Sie tun dies, indem sie den logischen Aussagen Werte zuordnen, die von der physikalischen Welt abhängen.

Eine Möglichkeit, physikalische Gegebenheiten in logische Bewertungen zu übersetzen, besteht darin, festzustellen, ob ein physikalischer Schwellwert erreicht ist oder nicht.

Entsprechende Bewerter nennen wir Schwellwert-Bewerter. Entsprechende Bewertungen werden als Schwellwert-Bewertungen bezeichnet.

Die Bewertung der Aussage "die physikalische Größe x überschreitet den Schwellwert t" schreiben wir als: $v_t(x)$ bzw. $v(x)$, wenn klar ist, welchen Schwellwert der Bewerter hat.

Zum Beispiel sind Fotorezeptoren Schwellwert-Bewerter für die Messung der "Großheit" oder "Rotheit" eines Balles (Bild 2.5).

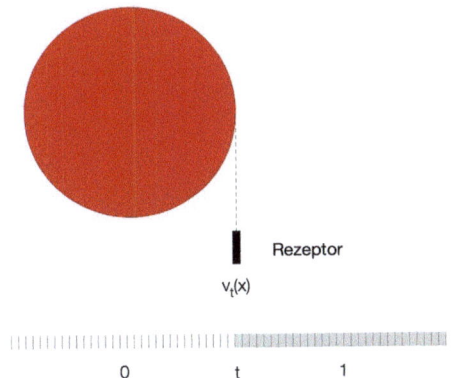

Bild 2.5: Schwellwert-Bewerter für die Aussage "der Ball ist groß". Der Fotorezeptor v_t bewertet das Großsein des Balles mit 1, wenn der Schwellwert *t* überschritten wird.

Im Folgenden werden wir wiederholt Schwellwert-Bewerter verwenden, um die Bedeutung kumulativ-logischer Aussagen an konkreten Beispielen zu verdeutlichen.

3

Kumulative Bewertungen

Wir betrachten zunächst atomare Aussagen, d.h. Aussagen, die nicht durch logische Junktoren (wie z.b. $\wedge$, oder $\vee$) zusammengesetzt sind.

Sei p die atomare Aussage "der Ball ist groß". $v^{(j)}(p)$ seien zweiwertige Bewertungen von p durch eine Bewerter-Gemeinschaft von M verschiedenen Personen $j \in \{1, ..., M\}$.

Die Personen haben verschiedene Ansichten über das Großsein des Balles.

Wir möchten eine objektive Aussage über das Großsein des Balles treffen, die nicht von der individuellen Ansicht einer einzelnen Person abhängt.

Die gemeinschaftliche Ansicht der Gesamtheit der Personen erscheint objektiver, da sie weniger von der individuellen Ansicht einer einzelnen Person abhängt.

Zur Bestimmung der Gemeinschafts-Ansicht lassen wir die Personen mit ihren individuellen Bewertungen abstimmen und berechnen die Häufigkeit positiver (d.h. Wahr-) Bewertungen der Personen durch:

$$c(p) := \frac{1}{M} \sum_{j=1}^{M} v^{(j)}(p)$$

Wobei $v^{(j)}(p) = 1$ gesetzt ist für Wahr-Bewertungen und $v^{(j)}(p) = 0$ für Falsch-Bewertungen.

$c(p)$ ist das Abstimmungsergebnis der Gemeinschaft der bewertenden Personen. Der Wert fasst die Einzel-Bewertungen $v^{(j)}(p)$ der Gemeinschaft in einem kontinuierlichen Wert zusammen (Bild 3.1).

$$c(p) = \frac{1}{2}$$

Bild 3.1: Kumulative Bewertung.

Im Allgemeinen ist $c(p)$ verschieden von 0 und 1 und liegt im einschließenden Interval [0, 1]. Wir definieren allgemein:

Definition: *(für den Spezialfall endlicher Bewertungs-Gemeinschaften)*

1. Die kumulative Bewertung $c(p)$ einer Aussage p zu einer zweiwertigen Bewertungs-Gemeinschaft $\{v^{(j)}(p)\}$ der Aussage p ist:

$$c(p) := \frac{1}{M} \sum_{j=1}^{M} v^{(j)}(p)$$

mit M = Anzahl der Bewertungen der Bewertungs-Gemeinschaft $\{v^{(j)}(p)\}$

2. Eine zweiwertige (klassische) Bewertung, die keine kumulative Bewertung ist, nennen wir auch elementare Bewertung oder Mikro-Bewertung (weil sie nicht aus "kleineren" Bewertungen zusammengesetzt werden kann).

3. Eine kumulative Bewertung nennen wir auch Makro-Bewertung (weil sie aus Mikro-Bewertungen zusammengesetzt ist).

Anmerkung:

Diese Definition gilt für endliche Bewertungs-Gemeinschaften.

Die Definition lässt sich auf abzählbar unendliche Bewertungs-Gemeinschaften verallgemeinern durch:

$$c(p) := \lim_{M \to \infty} \frac{1}{M} \sum_{j=1}^{M} v^{(j)}(p)$$

und auf überabzählbar unendliche Bewertungs-Gemeinschaften $\{v^{(x)}(p)\}$ mit der Bewertungs-Dichte $\rho(x)$ auf einem Intervall $I \subset \mathbb{R}$, sodass $\rho(x) \cdot v^{(x)}(p)$ auf I integrierbar ist, durch:

$$c(p) := \int_I \rho(x) \cdot v^{(x)}(p)\, dx$$

Die Verallgemeinerungen entsprechen der Grundidee der Definition für endliche Bewertungs-Gemeinschaften und enthalten keine wesentlichen neuen Gedanken.

Um die Sicht auf die Grundidee der Definition nicht zu verstellen, zeigen wir in der obenstehenden Definition und gegebenenfalls in weiteren Definitionen nur den Spezialfall endlicher Bewertungs-Gemeinschaften.

In solchen Fällen weisen wir in der Titelzeile der Definition auf die Beschränkung hin und sehen auch die entsprechenden Definitionen für unendliche Bewertungs-Gemeinschaften als gegeben an.

Hinweis:

Der Begriff der elementaren Bewertung darf nicht mit dem Begriff der atomaren Bewertung (d.h. der Bewertung einer atomaren Aussage) verwechselt werden. Eine atomare Bewertung kann elementar oder nicht elementar sein (nämlich dann, wenn sie keine kumulative Bewertung ist oder wenn sie eine kumulative Bewertung ist). Und eine elementare Bewertung kann atomar oder nicht atomar sein (nämlich dann, wenn sie nicht mit Junktoren zusammengesetzt ist oder wenn sie mit Junktoren zusammengesetzt ist).

Hinweis:

Kumulative Bewertungen dürfen nicht mit den Häufigkeiten des Auftretens von Ereignissen (wie in der Wahrscheinlichkeits-Theorie untersucht) verwechselt werden. Der Wert einer kumulativen Bewertung gibt vielmehr die Häufigkeit positiver Bewertungen für *ein einziges* Auftreten eines Ereignisses an.

Kumulative Bewertungen sind durch obige Rechenvorschrift und die zugehörigen elementaren Bewertungen festgelegt. Ein kumulativer Bewerter ist daher eindeutig durch seine elementaren

Bewerter definiert.

Entsprechend bezeichnen wir auch eine Gemeinschaft aus elementaren Bewertern als kumulativen Bewerter und meinen damit den kumulativen Bewerter, der durch die elementaren Bewerter definiert wird.

Durch die Zusammenfassung mehrerer elementarer Bewertungen können kumulative Bewertungen kontinuierliche Messungen repräsentieren, die über Raum und Zeit integrieren.

Zum Beispiel integriert die Bewertungs-Gemeinschaft der Rezeptoren des menschlichen Auges über Raum und Zeit, wenn es die "Rotheit" eines Braunschen Bildschirms "misst": Obwohl die roten Bildpunkte des Bildschirms räumlich getrennt sind, erscheinen rote Bereiche zusammenhängend rot, weil das visuelle Nervensystem des Menschen räumlich integriert. Und obwohl die roten Bildpunkte des Bildschirms nicht konstant leuchten, sondern pulsieren, erscheinen die Bildpunkte konstant rot, weil das visuelle Nervensystem des Menschen zeitlich integriert (Bild 3.2).

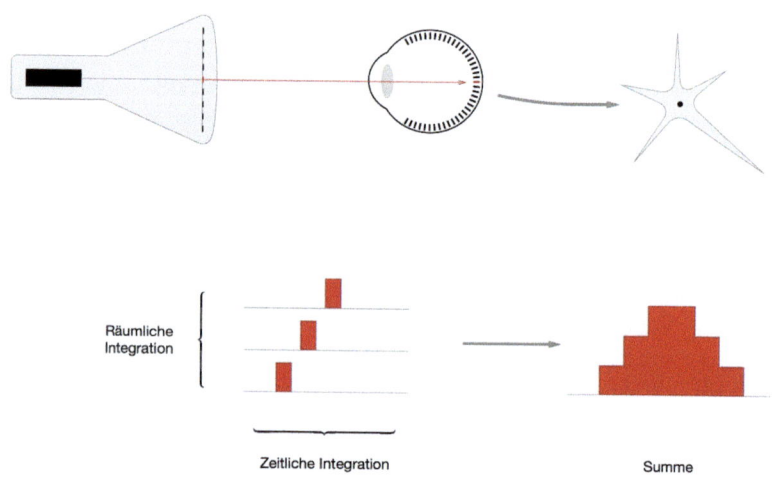

Bild 3.2: Integration über Raum und Zeit durch kumulative Bewertung am Beispiel der Wahrnehmung roter Bereiche eines Braunschen Bildschirms.

Kumulative Bewertungen erfassen die Vagheit mehrerer i.A. uneinheitlicher elementarer Bewertungen. Die Uneinheitlichkeit der elementaren Bewertungen realer Bewerter kann mehrere Ursachen haben (Bild 3.3):

- Graduelle Begriffe, über die zweiwertige Aussagen getroffen werden (z.B. physikalische Größen, die mehr als zwei Werte annehmen können, wie etwa die Größe des Balles).

- Unterschiede in der Eichung von Messinstrumenten (wie z.B. bei Bewertungen durch verschiedene Personen mit verschiedenen Auffassungen über die exakte Bedeutung der zu bewertenden Aussage oder bei Messinstrumenten mit verschiedenen systematischen Messfehlern).

- Zufalls-Einflüsse bei der Messung physikalischer Größen (wie z.B. durch Brownsche Molekularbewegung, die die Erregbarkeit von Rezeptoren beeinflusst).

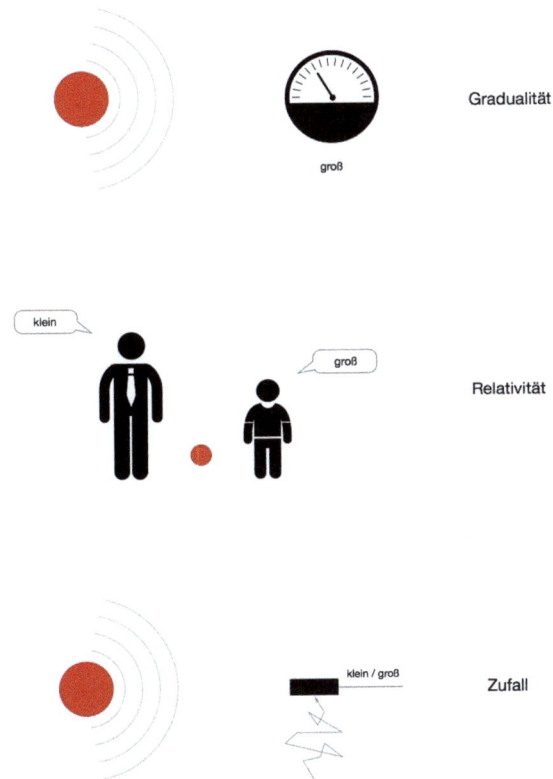

Bild 3.3: Mögliche Ursachen für die Uneinheitlichkeit elementarer Bewertungen.

Anmerkung:

Die vorstehende Liste zeigt mögliche Ursachen für die Uneinheitlichkeit elementarer Bewertungen. Bild 2.3 dagegen zeigt Gründe für verschiedene Bewertungen beliebiger Bewerter (elementar oder nicht elementar).

Anmerkung:

Die vorstehende Liste von möglichen Gründen für die Uneinheitlichkeit realer elementarer Bewertungen ist nicht vollständig.

Es ist auch nicht Gegenstand dieses Buches, reale Bewerter vollständig zu untersuchen. Vielmehr untersucht dieses Buch die Zusammenhänge von Bewertungen, die durch gegebene Bewerter (reale oder nicht reale) gegeben sind.

In der Kumulations-Logik ist die Bedeutung des Wahrheitswertes einer mehrwertigen Bewertung eindeutig festgelegt:

Der Wahrheitswert c einer Aussage p bedeutet, dass die Aussage mit der Häufigkeit c durch die Bewerter-Gemeinschaft positiv (d.h. mit dem Wahrheitswert wahr) bewertet wird.

Damit bekommt der direkte Vergleich verschiedener mehrwertiger Aussagen eine definierte Bedeutung und ist sinnvoll:

Eine Aussage p ist zu demselben (geringeren, höheren) Grad wahr wie eine Aussage q, wenn sie durch die Bewerter-Gemeinschaft genauso häufig (weniger häufig, häufiger) positiv bewertet wird.

Beispielsweise bekommt die Feststellung "das Großsein des Balles ist größer als sein Rotsein" nun die definierte Bedeutung: Die Aussage "der Ball ist groß" wird durch die gegebene Bewerter-Gemeinschaft häufiger mit wahr bewertet als die Aussage "der Ball ist rot".

In der Fuzzy-Logik dagegen sind die Wahrheitsgrade zweier Aussagen i.A. nicht direkt miteinander vergleichbar: Die Feststellung "das Großsein des Balles ist größer als sein Rotsein" bedeutet bei Fuzzy-logischen Zwischenwerten der Aussagen lediglich, dass beide Aussagen nicht voll zutreffen und nicht voll nicht zutreffen. Tatsächlich kann die Aussage "der Ball ist groß" dabei durch weniger Personen als zutreffend eingeschätzt werden als die Aussage "der Ball ist rot".

3.1 Wertebereich kumulativer Bewertungen

Kumulative Bewertungen können Werte zwischen 0 und 1 oder die Werte 0 und 1 selbst annehmen. Die Werte 0 und 1 bedeuten, dass die elementaren Bewertungen der kumulativen Bewertung einheitlich den Wert 0 oder 1 haben.

Wir definieren:

Definition:

Eine Aussage heißt kumulativ strikt wahr / unwahr, wenn die kumulative Bewertung der Aussage den Wert 1 / 0 hat.

Beispiel:

Als Beispiel betrachten wir die Bewertung der Aussage "der Ball ist rot" durch 3 Personen. Je nach Rotanteil des Balls bewerten die Personen die Aussage verschieden. Bei voller "Rotheit" jedoch, bewerten alle Personen mit dem Wert 1. Die Aussage "der Ball ist rot" ist dann strikt wahr.

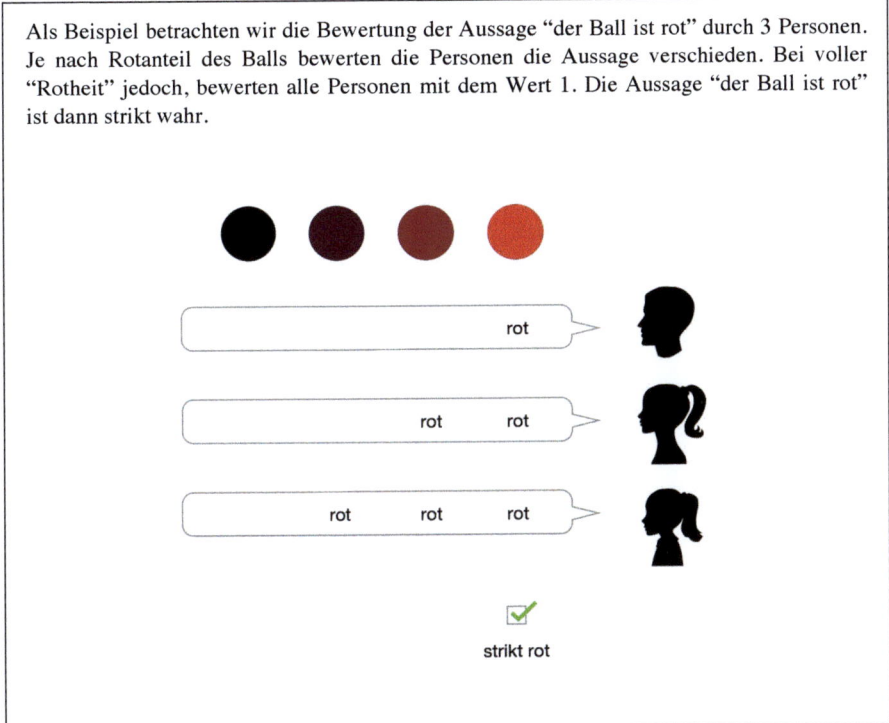

Die Beschränkung kumulativer Bewertungen auf den Wertebereich [0, 1] mag zunächst unangemessen einschränkend erscheinen für die Repräsentation von Graden von Eigenschaften der realen Welt.

Beispielsweise ist die Eigenschaft "Länge" potenziell unendlich.

Andererseits ist die Messung einer Länge durch ein reales Messgerät aber stets begrenzt, weil reale Maßstäbe endlich sind.

Ebenso ist jeder Wahrnehmungsbereich begrenzt. Längenmessungen durch das Auge z.B. sind durch die begrenzte Ausdehnung der Retina begrenzt.

Darüberhinaus erscheint die längste messbare Ausdehnung unserer Welt auch prinzipiell durch ein endliches Alter des Weltalls und die endliche Lichtgeschwindigkeit begrenzt (Bild 3.4).

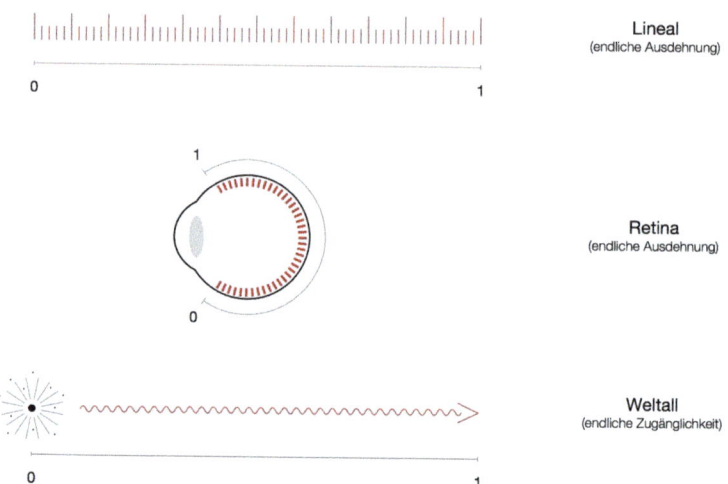

Bild 3.4: Endlichkeit realer Messungen.

Daher stellt der beschränkte Wertebereich kumulativer Bewertungen keine Einschränkung für reale Messungen dar.

3.2 Mächtigkeit einer kumulativen Bewertung

Kumulative Bewertungen basieren auf Bewertungs-Gemeinschaften. Bewertungs-Gemeinschaften können aus verschieden vielen elementaren Bewertungen bestehen.

Wir definieren:

Definition:

1. Die Mächtigkeit M einer Bewertungs-Gemeinschaft ist die Anzahl der elementaren Bewertungen der Bewertungs-Gemeinschaft.

2. Die Mächtigkeit einer kumulativen Bewertung ist die Mächtigkeit ihrer Bewertungs-Gemeinschaft.

Eine elementare Bewertung hat folglich die Mächtigkeit 1.

Die Mächtigkeit einer kumulativen Bewertung bestimmt ihre potenzielle Auflösung für die Darstellung des Grades einer Aussage: Eine kumulative Bewertung der endlichen Mächtigkeit M kann die Werte 0 bis 1 in maximal $M+1$ Stufen im Abstand $\frac{1}{M}$ annehmen.

Zum Beispiel ist die Genauigkeit der Längenwahrnehmung durch kumulative Bewertung einer

Retina mit M Rezeptoren auf kumulative Unterschiede von $\frac{1}{M}$ beschränkt (Bild 3.5).

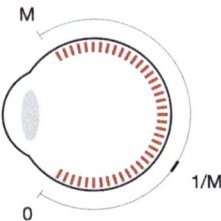

Bild 3.5: Auflösungsbeschränkung durch endliche Mächtigkeit der kumulativen Bewertung des menschlichen Auges.

3.3 Dissonanz einer kumulativen Bewertung

Die elementaren Bewerter einer kumulativen Bewertung sind sich i.A. nicht einig über die Bewertung einer Aussage.

Als Maß für die Uneinigkeit elementarer Bewertungen einer Aussage definieren wir:

Definition: *(für den Spezialfall endlicher Bewertungs-Gemeinschaften)*

Die Dissonanz einer kumulativen Bewertung $c(p)$ einer Aussage p mit elementaren Bewertungen $v^{(j)}(p)$ ist:

$$diss(p) := \frac{1}{2\,M^2} \sum_{i=1}^{M} \sum_{j=1}^{M} \left(v^{(i)}(p) \neq v^{(j)}(p) \right)$$

$$mit\,(x \neq y) := \begin{cases} 1 & wenn\,x \neq y \\ 0 & wenn\,x = y \end{cases}$$

Die Dissonanz einer kumulativen Bewertung ist der hälftige Anteil der gerichteten Beziehungen zwischen den elementaren Bewertungen, bei denen die erste elementare Bewertung gegen die zweite elementare Bewertung opponiert (Bild 3.6 und 3.7).

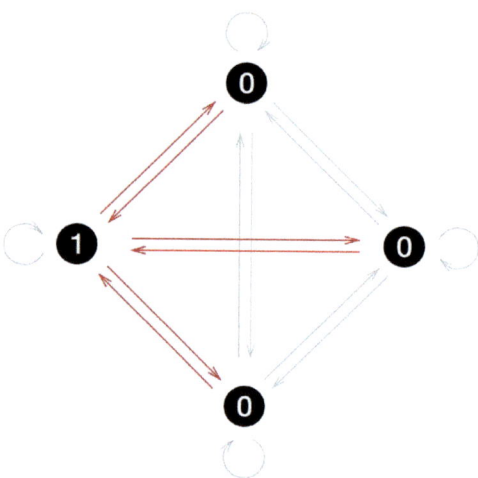

Bild 3.6: Oppositionen zwischen elementaren Bewertungen.

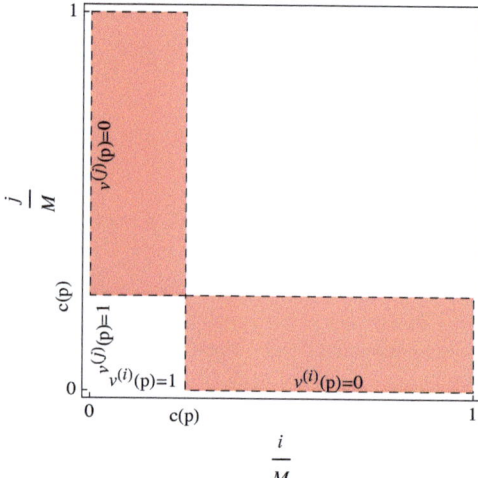

Bild 3.7: Oppositions-Anteil einer kumulativen Bewertung. Die roten Bereiche markieren Oppositionen zwischen elementaren Bewertungen.

Die Dissonanz einer kumulativen Bewertung hängt direkt mit dem Wert der kumulativen Bewertung zusammen und kann leicht daraus berechnet werden:

Satz 3.1:

$$diss(p) = c(p) \cdot (1 - c(p))$$

Beweis: (für den Spezialfall endlicher Bewertungs-Gemeinschaften)

$$diss(p) = \frac{1}{2 \cdot M^2} \sum_{i=1}^{M} \left(\sum_{j=1}^{M} \left(v^{(i)}(p) \neq v^{(j)}(p) \right) \right)$$

$$= \frac{1}{2 \cdot M^2} \sum_{v^{(i)}(p)=1} \left(\sum_{v^{(j)}(p)=0} 1 \right) + \frac{1}{2 \cdot M^2} \sum_{v^{(i)}(p)=0} \left(\sum_{v^{(j)}(p)=1} 1 \right)$$

$$= \frac{1}{2 \cdot M^2} \sum_{i=1}^{M} v^{(i)}(p) \cdot \left(\sum_{j=1}^{M} \left(1 - v^{(j)}(p) \right) \right) + \frac{1}{2 \cdot M^2} \sum_{i=1}^{M} \left(1 - v^{(i)}(p) \right) \cdot \left(\sum_{j=1}^{M} v^{(j)}(p) \right)$$

$$= \frac{1}{2} \cdot \frac{1}{M} \sum_{i=1}^{M} v^{(i)}(p) \cdot \left(\frac{1}{M} \sum_{j=1}^{M} \left(1 - v^{(j)}(p) \right) \right) + \frac{1}{2} \cdot \frac{1}{M} \sum_{i=1}^{M} \left(1 - v^{(i)}(p) \right) \cdot \left(\frac{1}{M} \sum_{j=1}^{M} v^{(j)}(p) \right)$$

$$= \frac{1}{2} \cdot c(p) \cdot (1 - c(p)) + \frac{1}{2} \cdot (1 - c(p)) \cdot c(p)$$

$$= c(p) \cdot (1 - c(p))$$

□

Anmerkung:

Dieser Beweis behandelt den Fall endlicher Bewertungs-Gemeinschaften.

Der Satz gilt aber auch für abzählbar und überabzählbar unendliche Bewertungs-Gemeinschaften.

Ein Beweis für abzählbar unendliche Bewertungs-Gemeinschaften ist:

$$diss(p) = \lim_{M \to \infty} \frac{1}{2 \cdot M^2} \sum_{i=1}^{M} \left(\sum_{j=1}^{M} \left(v^{(i)}(p) \neq v^{(j)}(p) \right) \right)$$

$$= \lim_{M \to \infty} \lim_{M' \to \infty} \frac{1}{2 \cdot M \cdot M'} \sum_{i=1}^{M} \left(\sum_{j=1}^{M'} \left(v^{(i)}(p) \neq v^{(j)}(p) \right) \right)$$

$$= \lim_{M \to \infty} \lim_{M' \to \infty} \frac{1}{2 \cdot M \cdot M'} \sum_{i=1}^{M} v^{(i)}(p) \cdot \left(\sum_{j=1}^{M'} \left(1 - v^{(j)}(p) \right) \right)$$

$$+ \lim_{M \to \infty} \lim_{M' \to \infty} \frac{1}{2 \cdot M \cdot M'} \sum_{i=1}^{M} \left(1 - v^{(i)}(p) \right) \cdot \left(\sum_{j=1}^{M'} v^{(j)}(p) \right)$$

$$= \frac{1}{2} \cdot \lim_{M \to \infty} \frac{1}{M} \sum_{i=1}^{M} v^{(i)}(p) \cdot \left(\lim_{M' \to \infty} \frac{1}{M'} \sum_{j=1}^{M'} \left(1 - v^{(j)}(p) \right) \right)$$

$$+ \frac{1}{2} \cdot \lim_{M \to \infty} \frac{1}{M} \sum_{i=1}^{M} \left(1 - v^{(i)}(p) \right) \cdot \left(\lim_{M' \to \infty} \frac{1}{M'} \sum_{j=1}^{M'} v^{(j)}(p) \right)$$

$$= \frac{1}{2} \cdot c(p) \cdot (1 - c(p)) + \frac{1}{2} \cdot (1 - c(p)) \cdot c(p)$$

$$= c(p) \cdot (1 - c(p))$$

und für überabzählbar unendliche Bewertungs-Gemeinschaften:

$$\mathrm{diss}(p) = \frac{1}{2} \int_I \int_{I'} \rho(x) \cdot \rho(x') \cdot \left(v^{(x)}(p) \neq v^{(x')}(p) \right) dx' \, dx$$

$$= \frac{1}{2} \int_{v^{(x)}(p)=1} \rho(x) \cdot \int_{v^{(x')}(p)=0} \rho(x') \cdot 1 \, dx' \, dx$$

$$+ \frac{1}{2} \int_{v^{(x)}(p)=0} \rho(x) \cdot \int_{v^{(x')}(p)=1} \rho(x') \cdot 1 \, dx' \, dx$$

$$= \frac{1}{2} \int_I \rho(x) \cdot v^{(x)}(p) \, dx \cdot \int_{I'} \rho(x') \cdot \left(1 - v^{(x')}(p) \right) dx'$$

$$+ \frac{1}{2} \int_I \rho(x) \cdot \left(1 - v^{(x)} \right)(p) \, dx \cdot \int_{I'} \rho(x') \cdot v^{(x')}(p) \, dx'$$

$$= \frac{1}{2} \cdot c(p) \cdot (1 - c(p)) + \frac{1}{2} \cdot (1 - c(p)) \cdot c(p)$$

$$= c(p) \cdot (1 - c(p))$$

Diese Beweise basieren auf derselben Grundidee wie der Beweis für endliche Bewertungs-Gemeinschaften und enthalten keine wesentlichen neuen Gedanken.

Um die Sicht auf die Grundidee des Beweises nicht zu verstellen, zeigen wir oben und in weiteren Beweisen nur den Spezialfall endlicher Bewertungs-Gemeinschaften.

In solchen Fällen weisen wir in der Titelzeile des Beweises auf die Beschränkung hin. Die Beweise für die unendlichen Fälle können dann nach dem hier gezeigten Muster aus dem Beweis für endliche Bewertungs-Gemeinschaften abgeleitet werden.

Bild 3.8 veranschaulicht den Zusammenhang zwischen diss(p) und $c(p)$.

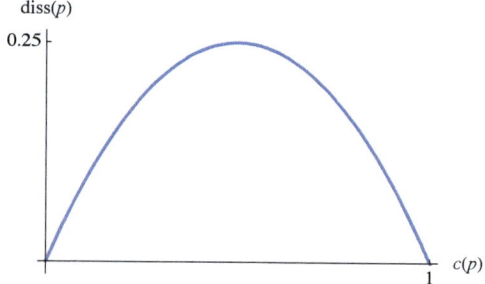

Bild 3.8: Zusammenhang zwischen Dissonanz und Wert einer kumulativen Bewertung.

Der Zusammenhang ist auch aus Bild 3.7 ablesbar. Dort entspricht der hälftige rote Flächeninhalt $c(p) \cdot (1 - c(p))$ gerade dem Wert der Dissonanz.

Anmerkung:

Fasst man die elementaren Bewertungen einer kumulativen Bewertung als Ergebnis von Einzelmessungen einer Zufallsvariablen auf, so ist die Dissonanz der kumulativen Bewertung gleich der Varianz der Zufallsvariablen.

3.4 Hierarchien kumulativer Bewertungen

Kumulative Bewertungen müssen nicht direkt auf elementaren Bewertungen basieren. Sie können auch die Werte anderer kumulativer Bewertungen zusammenfassen.

Zum Beispiel kann die kumulative Bewertung der Aussage "der Ball ist groß" durch die Bewerter-Gemeinschaft der Ballspieler zusammengesetzt werden aus den kumulativen Bewertungen der Bewerter-Gemeinschaft der Tennisspieler und der Bewerter-Gemeinschaft der Fußballspieler (Bild 3.9).

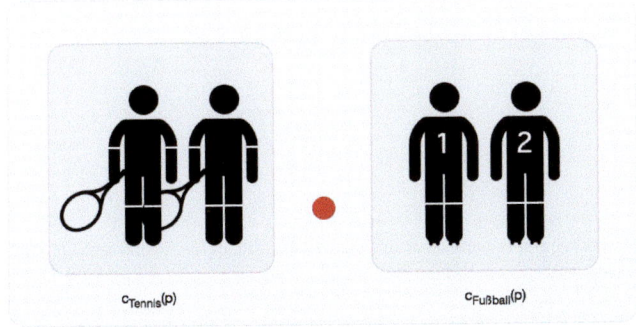

Bild 3.9: Hierarchie kumulativer Bewertungen.

Wir definieren:

Definition: *(für den Spezialfall endlicher Bewertungs-Gemeinschaften)*

Seien $\left\{v_1{}^{(j)}(p)\right\}_{j=1,\dots,M_1}$, $\left\{v_2{}^{(j)}(p)\right\}_{j=1,\dots,M_2}$, ..., $\left\{v_G{}^{(j)}(p)\right\}_{j=1,\dots,M_G}$ *G Bewertungs-Gemeinschaften mit Mächtigkeiten M_1, ..., M_G und $c_1(p)$, ..., $c_G(p)$ die zugehörigen kumulativen Bewertungen einer Aussage p.*

Die kumulative Bewertung $c(p)$ der Gesamt-Bewertungs-Gemeinschaft $\left\{v_g{}^{(j)}(p)\right\}_{g=1,\dots,G;\,j=1,\dots,M_g}$ heißt übergeordnete kumulative Bewertung zu den untergeordneten kumulativen Bewertungen $c_g(p)$.

Wenn die Bewertungs-Gemeinschaften untergeordneter Bewertungen disjunkt sind, bezeichnen wir die untergeordneten Bewertungen ebenfalls als disjunkt.

Im Falle disjunkter untergeordneter Bewertungen ist die Mächtigkeit der übergeordneten Bewertungs-Gemeinschaft gegeben durch:

Satz 3.2:

Seien $c_1(p)$, ..., $c_G(p)$ disjunkte untergeordnete kumulative Bewertungen einer Aussage p mit den Mächtigkeiten M_1, ..., M_G. Dann ist die Mächtigkeit der zugehörigen übergeordneten kumulativen Bewertung:

$$M = \sum_{g=1}^{G} M_g$$

Beweis:

Die Mächtigkeit M der übergeordneten kumulativen Bewertung ist die Anzahl der elementaren Bewerter der übergeordneten kumulativen Bewertung. Die Gesamtheit der elementaren Bewerter der übergeordneten kumulativen Bewertung ist die Vereinigung der elementaren Bewerter der untergeordneten kumulativen Bewertungen.

Wegen ihrer Disjunktheit überlappen die untergeordeneten kumulativen Bewertungsgemeinschaften nicht. Daher ist die Mächtigkeit der übergeordneten Bewertung gleich der Summe der Mächtigkeiten der untergeordneten Bewertungen:

$$M = \sum_{g=1}^{G} M_g$$

□

Für disjunkte untergeordnete Bewertungen lässt sich der Wert einer übergeordneten kumulativen Bewertung aus den Werten der untergeordneten kumulativen Bewertungen und ihren Mächtigkeiten errechnen:

Satz 3.3:

Seien $c_1(p)$, ..., $c_G(p)$ disjunkte untergeordnete kumulative Bewertungen einer Aussage p mit den endlichen Mächtigkeiten M_1, ..., M_G. Dann ist die zugehörige übergeordnete kumulative Bewertung $c(p)$ der Aussage p:

$$c(p) = \sum_{g=1}^{G} (w_g \cdot c_g(p))$$

mit:

$$w_g := \frac{M_g}{M}$$

$$M = \sum_{g=1}^{G} M_g$$

Die übergeordnete kumulative Bewertung ist gleich der mit den relativen Mächtigkeiten der untergeordneten kumulativen Bewertungen gewichteten Summe der untergeordneten kumulativen Bewertungen.

Beweis:

Seien $\left\{ v_g^{(j)}(p) \right\}_{j=1,\dots,M_g}$ elementare Bewertungen zu der kumulativen Bewertung $c_g(p)$.

Dann sind $\left\{ v^{(j)}(p) \right\} := \left\{ v_g^{(j)}(p) \right\}_{j=1,\dots,M_g; g=1,\dots G}$ elementare Bewertungen der übergeordneten kumulativen Bewertung $c(p)$. Und die übergeordnete kumulative Bewertung ist:

$$c(p) = \frac{1}{M} \sum_{j=1}^{M} v^{(j)}(p)$$
$$= \frac{1}{M} \sum_{g=1}^{G} \left(\sum_{j=1}^{M_g} v_g^{(j)}(p) \right)$$
$$= \frac{1}{M} \sum_{g=1}^{G} \left(M_g \cdot \frac{1}{M_g} \sum_{j=1}^{M_g} v_g^{(j)}(p) \right)$$
$$= \frac{1}{M} \sum_{g=1}^{G} (M_g \cdot c_g(p))$$
$$= \sum_{g=1}^{G} (w_g \cdot c_g(p))$$

$\square$

Die Dissonanz einer übergeordneten kumulativen Bewertung lässt sich nicht allein aus den Dissonanzen ihrer untergeordneten Bewertungen darstellen.

Die Dissonanz einer übergeordneten kumulativen Bewertung kann aber aus den Dissonanzen, Werten und Mächtigkeiten ihrer disjunkten untergeordneten kumulativen Bewertungen bestimmt werden:

Satz 3.4:

Seien $c_1(p)$, ..., $c_G(p)$ disjunkte untergeordnete kumulative Bewertungen einer Aussage p mit den endlichen Mächtigkeiten M_1, ..., M_G und $c(p)$ die übergeordnete kumulative Bewertung der Aussage p. Dann ist:

$$diss(p) = \sum_{g=1}^{G} w_g \, diss_g(p) + \sum_{g=1}^{G} w_g \, (c_g(p) - c(p))^2$$

mit:

$$mit \; w_g := \frac{M_g}{M}$$

$diss_g(p) :=$ Dissonanz der g-ten untergeordneten kumulativen Bewertung von p.

Die übergeordnete Dissonanz ist die gewichtete Summe der untergeordneten Intra-Dissonanzen zuzüglich der Inter-Dissonanz der untergeordneten kumulativen Bewertungen (Bild 3.10).

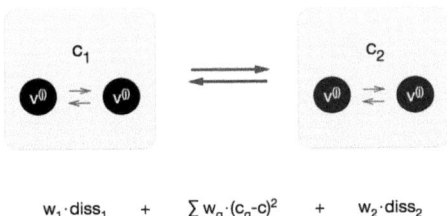

$$w_1 \cdot diss_1 \quad + \quad \sum w_g \cdot (c_g - c)^2 \quad + \quad w_2 \cdot diss_2$$

Bild 3.10: Dissonanz-Anteile.

Anmerkung:

Die Inter-Dissonanz ist gleich der gewichteten Varianz der untergeordneten kumulativen Bewertungen.

Beweis:

Es ist:

$$
\begin{aligned}
\mathrm{diss}(p) &= c(p) \cdot (1 - c(p)) \\
&= c(p) - c(p)^2 \\
&= c(p) - 2 \cdot c(p)^2 + c(p)^2 \\
&= c(p) - 2 \cdot \left(\sum_{g=1}^{G} w_g \cdot c_g(p) \right) \cdot c(p) + \sum_{g=1}^{G} w_g \cdot c(p)^2 \\
&= c(p) + \sum_{g=1}^{G} w_g \cdot \left(-2 \cdot c_g(p) \cdot c(p) + c(p)^2 \right) \\
&= \sum_{g=1}^{G} w_g \cdot c_g(p) - \sum_{g=1}^{G} w_g \cdot c_g(p)^2 + \sum_{g=1}^{G} w_g \cdot \left(c_g(p)^2 - 2 \cdot c_g(p) \cdot c(p) + c(p)^2 \right) \\
&= \sum_{g=1}^{G} w_g \cdot c_g(p) \cdot (1 - c_g(p)) + \sum_{g=1}^{G} w_g \cdot (c_g(p) - c(p))^2 \\
&= \sum_{g=1}^{G} w_g \cdot \mathrm{diss}_g(p) + \sum_{g=1}^{G} w_g \cdot (c_g(p) - c(p))^2
\end{aligned}
$$

□

Korollar 3.1:

Seien $v^{(j)}(p)$ endlich viele elementare Bewertungen einer Aussage p und $c(p)$ die zugehörige kumulative Bewertung der Aussage p. Dann ist:

$$
\mathrm{diss}(p) = \frac{1}{M} \sum_{j=1}^{M} \left(v^{(j)}(p) - c(p) \right)^2
$$

Beweis:

Die elementaren Bewertungen $v^{(j)}(p)$ lassen sich als untergeordnete kumulative Bewertungen $c_j(p)$ mit Mächtigkeit 1 auffassen. Der Wert der untergeordneten kumulativen Bewertungen ist $c_j(p) = v^{(j)}(p)$.

Die Werte der elementaren Bewertungen sind strikt. Daher wird die Dissonanz der untergeordneten kumulativen Bewertungen:

$$
\mathrm{diss}_j(p) = v^{(j)}(p) \left(1 - v^{(j)}(p) \right) = 0
$$

Mit $w_j := \frac{M_j}{M} = \frac{1}{M}$ folgt aus Satz 3.4:

$$
\begin{aligned}
\mathrm{diss}(p) &= \sum_{j=1}^{M} w_j \, \mathrm{diss}_j(p) + \sum_{j=1}^{M} w_j \, (c_j(p) - c(p))^2 \\
&= \sum_{j=1}^{M} \frac{1}{M} \left(v^{(j)}(p) - c(p) \right)^2
\end{aligned}
$$

□

4

Kumulative Bewertung zusammengesetzter Aussagen

Klassische Aussagen können durch Junktoren wie Negation, Konjunktion (Und-Verknüpfung) oder Disjunktion (Oder-Verknüpfung) zu komplexeren Aussagen (Junktionen) zusammengesetzt werden.

Die Wahrheitswerte der zusammengesetzten Aussagen sind durch die Wahrheitswerte der zusammenzusetzenden Aussagen bestimmt und werden durch Wahrheitstabellen festgelegt (Tabelle 4.1).

Tabelle 4.1: Klassische Wahrheitstabellen. "∘" steht für den jeweiligen Junktor.

Junktion	Symbol	$0 \circ 0$	$0 \circ 1$	$1 \circ 0$	$1 \circ 1$
Kontradiktion	0	0	0	0	0
Konjunktion	$p \wedge q$	0	0	0	1
	$p \wedge \neg q$	0	0	1	0
	p	0	0	1	1
	$\neg p \wedge q$	0	1	0	0
	q	0	1	0	1
Kontravalenz	$p \veebar q$	0	1	1	0
Disjunktion	$p \vee q$	0	1	1	1
	$\neg p \wedge \neg q$	1	0	0	0
Äquivalenz	$p \equiv q$	1	0	0	1
Negation	$\neg q$	1	0	1	0
Subjunktion	$q \rightarrow p$	1	0	1	1
Negation	$\neg p$	1	1	0	0
Subjunktion	$p \rightarrow q$	1	1	0	1
	$\neg (p \wedge q)$	1	1	1	0
Tautologie	1	1	1	1	1

Entsprechend lassen sich auch kumulativ bewertete Aussagen zu komplexeren kumulativ bewerteten Aussagen zusammensetzen.

4.1 Negation

Der kumulative Wahrheitswert der Negation lässt sich aus der kumulativen Bewertung der zu negierenden Aussage berechnen:

Satz 4.1:

$$c(\neg p) = 1 - c(p)$$

Beweis: (für den Spezialfall endlicher Bewertungs-Gemeinschaften)

Seien $v^{(j)}(p)$ die elementaren Bewertungen der kumulativen Bewertung von p. Dann ist die kumulative Bewertung von p:

$$c(p) = \frac{1}{M} \sum_{j=1}^{M} v^{(j)}(p)$$

Die elementaren Bewertungen $v^{(j)}(p)$ sind klassische Bewertungen. Die elementaren Bewertungen der negierten Aussage $\neg p$ ergeben sich daher entsprechend der klassischen Wahrheitstabelle für die Negation und können aus den elementaren Wahrheitswerten für p errechnet werden durch:

$$v^{(j)}(\neg p) = 1 - v^{(j)}(p)$$

Damit wird:

$$c(\neg p) = \frac{1}{M} \sum_{j=1}^{M} v^{(j)}(\neg p)$$
$$= \frac{1}{M} \sum_{j=1}^{M} \left(1 - v^{(j)}(p)\right)$$
$$= \frac{1}{M} M - \frac{1}{M} \sum_{j=1}^{M} v^{(j)}(p)$$
$$= 1 - c(p)$$

□

Bild 4.1 zeigt den Zusammenhang.

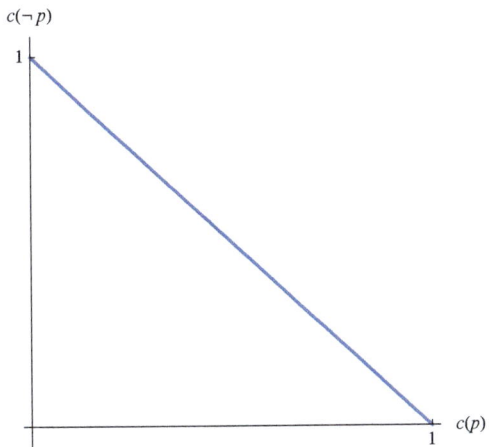

Bild 4.1: Kumulative Bewertung der Negation.

4.2 Konjunktion

Die kumulative Bewertung einer Konjunktion lässt sich i.A. nicht aus den kumulativen Bewertungen ihrer Operanden berechnen.

Vielmehr hängt die kumulative Bewertung einer Konjunktion von den genauen Bewertungen der zugehörigen elementaren Bewerter ab.

Tabelle 4.2 zeigt ein Beispiel für verschiedene kumulative Bewertungen der Konjunktion bei gleichen kumulativen Bewertungen ihrer Operanden.

Tabelle 4.2: Verschiedene kumulative Bewertungen der Konjunktion bei gleichen kumulativen Bewertungen der Operanden.

	p	q	$p \wedge q$
$v^{(1)}$	0	0	0
$v^{(2)}$	1	1	1
c	$\dfrac{1}{2}$	$\dfrac{1}{2}$	$\dfrac{1}{2}$

	p	q	$p \wedge q$
$v'^{(1)}$	1	0	0
$v'^{(2)}$	0	1	0
c'	$\dfrac{1}{2}$	$\dfrac{1}{2}$	0

Zwar sind die kumulativen Bewertungen von Konjunktionen nicht allein durch die kumulativen Bewertungen ihrer Operanden bestimmt, die Werte der kumulativen Bewertungen der Operanden bestimmen aber Schranken für den Wert der kumulativen Bewertung einer Konjunktion.

Es gelten die Abschätzungen:

Satz 4.2:

$$c(p \wedge q) \leqslant min(c(p), c(q))$$

$$c(p \wedge q) \geqslant max(0, c(p) + c(q) - 1)$$

Für den Beweis des Satzes benötigen wir:

Satz 4.3:

Es ist:

$$c(p \vee q) = c(p) + c(q) - c(p \wedge q)$$

Für den Beweis dieses Satzes benötigen wir:

Satz 4.4:

Seien p und q zwei disjunkte Aussagen:

$$p \wedge q = 0$$

Dann ist:

$$c(p \vee q) = c(p) + c(q)$$

und diese kumulative Bewertung ist unabhängig von den der Bewertung zugrunde liegenden elementaren Bewertungen.

Die kumulative Bewertung der Disjunktion zweier sich gegenseitig ausschließender Aussagen ist die Summe der kumulativen Bewertungen der Aussagen.

Anmerkung:

Dieser Satz ist zentral für die Berechnung der kumulativen Bewertung von zusammengesetzten Aussagen. Der Satz liefert eine Berechnungsvorschrift, die unabhängig von den der kumulativen Bewertung zugrunde liegenden elementaren Bewertungen ist.

Zum Beweis des Satzes benötigen wir:

Satz 4.5:

Seien p und q zwei Aussagen, für die die kumulative Bewertung ihrer Konjunktion verschwindet:

$$c(p \wedge q) = 0$$

Dann gilt:

$$c(p \vee q) = c(p) + c(q)$$

Beweis: (von Satz 4.5 für den Spezialfall endlicher Bewertungs-Gemeinschaften)

Seien $v^{(j)}(p)$ und $v^{(j)}(q)$ elementare Bewertungen zu den kumulativen Bewertungen $c(p \wedge q), c(p \vee q), c(p)$ und $c(q)$. Für die klassischen Bewertungen $v^{(j)}(p)$ und $v^{(j)}(q)$ gilt:

$$v^{(j)}(p \vee q) = v^{(j)}(p) + v^{(j)}(q) - v^{(j)}(p \wedge q)$$

Wegen $c(p \wedge q) = 0$ ist $v^{(j)}(p \wedge q) = 0$ für alle j. Damit wird:

$$v^{(j)}(p \vee q) = v^{(j)}(p) + v^{(j)}(q)$$

und es folgt:

$$\begin{aligned}
c(p \vee q) &= \frac{1}{M} \sum_{j=1}^{M} v^{(j)}(p \vee q) \\
&= \frac{1}{M} \sum_{j=1}^{M} v^{(j)}(p) + \frac{1}{M} \sum_{j=1}^{M} v^{(j)}(q) \\
&= c(p) + c(q)
\end{aligned}$$

$\square$

Beweis: (von Satz 4.4)

Es ist:

$$c(p \wedge q) = c(0) = 0$$

Nach Satz 4.5 folgt:

$$c(p \vee q) = c(p) + c(q)$$

Dieser Wert ist unabhängig von der Wahl elementarer Bewerter.

$\square$

Beweis: (von Satz 4.3)

Mit Satz 4.4 gilt:

$$\begin{aligned}
c(p \vee q) &= c((\neg p \wedge q) \vee (p \wedge \neg q) \vee (p \wedge q)) \\
&= c(\neg p \wedge q) + c(p \wedge \neg q) + c(p \wedge q) \\
&= c(\neg p \wedge q) + c(p \wedge q) + c(p \wedge \neg q) + c(p \wedge q) - c(p \wedge q) \\
&= c((\neg p \wedge q) \vee (p \wedge q)) + c((p \wedge \neg q) \vee (p \wedge q)) - c(p \wedge q) \\
&= c(q) + c(p) - c(p \wedge q)
\end{aligned}$$

$\square$

Beweis: (von Satz 4.2 für den Spezialfall endlicher Bewertungs-Gemeinschaften)

1. Seien $v^{(j)}(p)$ und $v^{(j)}(q)$ elementare Bewertungen zu den kumulativen Bewertungen $c(p \wedge q)$, $c(p)$ und $c(q)$. Für die klassischen Bewertungen $v^{(j)}(p)$ und $v^{(j)}(q)$ gilt:

$$v^{(j)}(p \wedge q) \leq v^{(j)}(p)$$

$$v^{(j)}(p \wedge q) \leq v^{(j)}(q)$$

Daher:

$$c(p \wedge q) = \frac{1}{M} \sum_{j=1}^{M} v^{(j)}(p \wedge q)$$
$$\leq \frac{1}{M} \sum_{j=1}^{M} v^{(j)}(p)$$
$$= c(p)$$

Ebenso folgt:

$$c(p \wedge q) \leq c(q)$$

Damit ist:

$$c(p \wedge q) \leq \min(c(p), c(q))$$

□

2. Wegen Satz 4.3 ist:

$$c(p \wedge q) = c(p) + c(q) - c(p \vee q)$$
$$\geq c(p) + c(q) - 1$$

und daher wegen der Positivität kumulativer Bewertungen:

$$c(p \wedge q) \geq \max(0, c(p) + c(q) - 1)$$

□

Bild 4.2 zeigt die obere und untere Schranke $\min(c(p), c(q))$ und $\max(0, c(p) + c(q) - 1)$ als Funktion der Bewertungen $c(p)$ und $c(q)$. Links sind die Abhängigkeiten als Flächen in dreidimensionaler Ansicht dargestellt und rechts als Flächen in zweidimensionaler Höhenlinien-Ansicht.

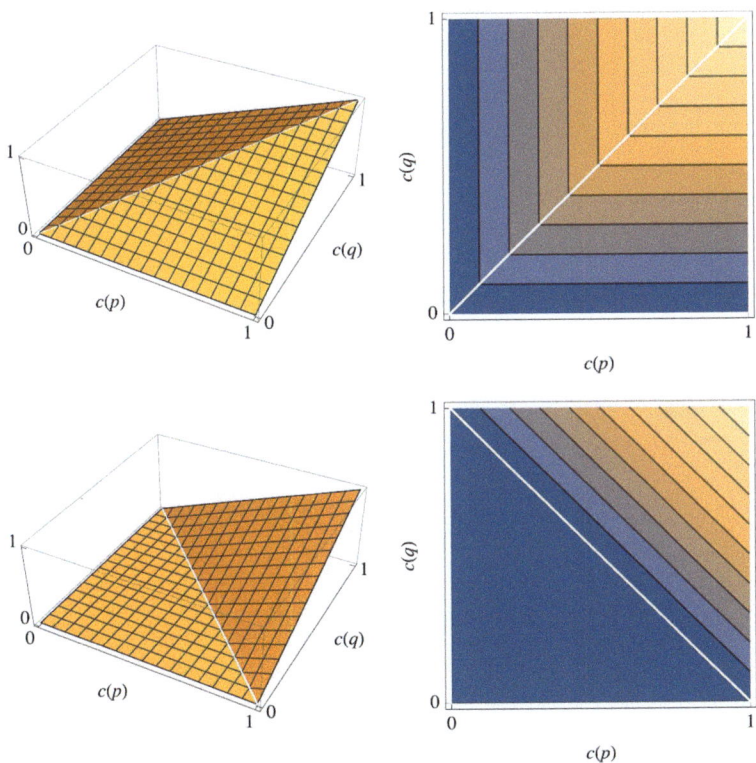

Bild 4.2: Obere und untere Schranke für die kumulative Bewertung der Konjunktion. Oben: obere Schranke. Unten: untere Schranke.

Im Folgenden stellen wir zweistellige Funktionen stets nur noch in Höhenlinien-Ansicht dar, da diese eine eindeutigere Interpretation ermöglicht. Die zugehörige dreidimensionale Darstellung ist dann entsprechend Bild 4.2 zu denken.

4.3 Disjunktion

Wie die kumulative Bewertung einer Konjunktion, so lässt sich auch die kumulative Bewertung einer Disjunktion i.A. nicht aus den kumulativen Bewertungen ihrer Operanden berechnen.

Die kumulative Bewertung einer Disjunktion lässt sich aber aus den kumulativen Bewertungen ihrer Operanden und der Konjunktion ihrer Operanden bestimmen. Nach Satz 4.3 gilt:

$$c(p \lor q) = c(p) + c(q) - c(p \land q)$$

Wie bei der Konjunktion lassen sich die kumulativen Bewertungen von Disjunktionen ebenfalls aus den kumulativen Bewertungen ihrer Operanden abschätzen:

Satz 4.6:

$$c(p \lor q) \geq max(c(p), c(q))$$

$$c(p \lor q) \leq min(1, c(p) + c(q))$$

Beweis:

Mit Satz 4.3 und 4.2 ist:

$$\begin{aligned}
c(p \lor q) &= c(p) + c(q) - c(p \land q) \\
&\geq c(p) + c(q) - min(c(p), c(q)) \\
&= c(p) + c(q) + max(-c(p), -c(q)) \\
&= max(c(q), c(p))
\end{aligned}$$

$\square$

Ebenso folgt:

$$\begin{aligned}
c(p \lor q) &= c(p) + c(q) - c(p \land q) \\
&\leq c(p) + c(q) - max(0, c(p) + c(q) - 1) \\
&= c(p) + c(q) + min(0, 1 - c(p) - c(q)) \\
&= min(c(q) + c(p), 1)
\end{aligned}$$

$\square$

Bild 4.3 zeigt die obere und untere Schranke der Disjunktion.

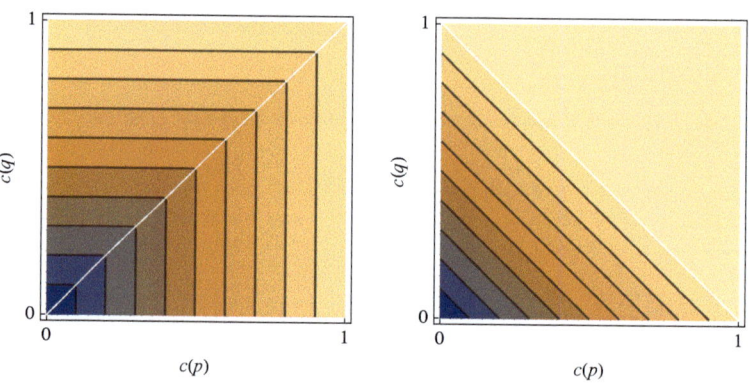

Bild 4.3: Obere und untere Schranke für die kumulative Bewertung der Disjunktion. Links: untere Schranke. Rechts: obere Schranke.

4.4 Berechnung beliebiger zweistelliger Junktionen, Beispiel Subjunktion

Auch die kumulative Bewertung der übrigen zweistelligen Junktionen lässt sich i.A. nicht aus den kumulativen Bewertungen ihrer Operanden allein berechnen.

Die kumulative Bewertung der übrigen Junktionen lässt sich aber aus den kumulativen Bewertungen ihrer atomaren Operanden und der Konjunktion nach dem Muster der Disjunktions-Berechnung wie folgt bestimmen:

Verfahren:　　(Berechnung zweistelliger Junktionen)

Es sei $\circ$ ein zweistelliger Junktor und $p \circ q$ die entsprechende Junktion der Aussagen p und q.

1. Die Junktion lässt sich klassisch logisch als Disjunktion sich gegenseitig ausschließender Konjunktionen ihrer Operanden und negierten Operanden schreiben (Zerlegung in disjunkte Konjunktionen):

$$p \circ q = \bigvee_{i=1}^{N} (p_i \wedge q_i)$$

mit:

$$p_i = p \text{ oder } p_i = \neg\, p$$
$$q_i = q \text{ oder } q_i = \neg\, q$$
$$(p_i, q_i) \neq (p_j, q_j) \text{ für } i \neq j$$

Da sich die Konjunktionen gegenseitig ausschließen, folgt mit Satz 4.4:

$$c(p \circ q) = \sum_{i=1}^{N} c(p_i \wedge q_i)$$

2. Die Bewertung einer Konjunktion der Operanden und negierten Operanden lässt sich mit den Bewertungen von Konjunktionen der Operanden und negierten Operanden, welche mindestens einen Operanden weniger negiert haben, zu einer Bewertung zusammenfassen, deren Wert bekannt ist:

Aus $p = (p \wedge q) \bigvee (p \wedge \neg\, q)$ folgt mit Satz 4.4:

$$c(p) = c(p \wedge q) + c(p \wedge \neg\, q)$$

Und aus $q = (p \wedge q) \bigvee (\neg\, p \wedge q)$ folgt:

$$c(q) = c(p \wedge q) + c(\neg\, p \wedge q)$$

Und aus $1 = (\neg\, p \wedge \neg\, q) \bigvee (\neg\, p \wedge q) \bigvee (p \wedge \neg\, q) \bigvee (p \wedge q)$ folgt:

$$1 = c(\neg\, p \wedge \neg\, q) + c(\neg\, p \wedge q) + c(p \wedge \neg\, q) + c(p \wedge q)$$

Die kumulativen Bewertungen $c(p_i \wedge q_i)$ in Schritt 1. können nun mit diesen Beziehungen durch bekannte Bewertungen ersetzt werden.

Als Beispiel betrachten wir die Subjunktion (Konjunktional):

Beispiel: (Subjunktion)

1. Die Subjunktion lässt sich zerlegen als:

$$p \rightarrow q = (\neg p \wedge \neg q) \vee (\neg p \wedge q) \vee (p \wedge q)$$

Diese Zerlegung folgt aus der Wahrheitstabelle für die Subjunktion (s. Tabelle 4.1). Damit wird:

$$c(p \rightarrow q) = c(\neg p \wedge \neg q) + c(\neg p \wedge q) + c(p \wedge q)$$

2. Die Konjunktions-Bewertungen lassen sich nun mit den Beziehungen aus Schritt 2. des Verfahrens zur Berechnung zweistelliger Junktionen durch bekannte Bewertungen ersetzen:

$$\begin{aligned}
c(p \rightarrow q) &= c(\neg p \wedge \neg q) + c(\neg p \wedge q) + c(p \wedge q) \\
&= 1 - c(\neg p \wedge q) - c(p \wedge \neg q) - c(p \wedge q) + c(\neg p \wedge q) + c(p \wedge q) \\
&= 1 - c(p \wedge \neg q) \\
&= 1 - c(p) + c(p \wedge q)
\end{aligned}$$

Das Beispiel zeigt:

Satz 4.7:

$$c(p \rightarrow q) = 1 - c(p) + c(p \wedge q)$$

4.5 Andere Junktionen

Die verbleibenden Junktionen können ebenfalls nach dem Schema zur Bestimmung kumulativer Bewertungen von zweistelligen Junktionen berechnet werden.

Tabelle 4.3 fasst die entsprechenden Ergebnisse für alle zweistelligen Junktionen zusammen.

Tabelle 4.3: Kumulative Bewertungen zweistelliger Junktionen.

Junktion	Symbol	$v(0 \circ 0)$	$v(0 \circ 1)$	$v(1 \circ 0)$	$v(1 \circ 1)$	$c(p \circ q)$
Kontradiktion	0	0	0	0	0	0
Konjunktion	$p \wedge q$	0	0	0	1	$c(p \wedge q)$
	$p \wedge \neg q$	0	0	1	0	$c(p) - c(p \wedge q)$
	p	0	0	1	1	$c(p)$
	$\neg p \wedge q$	0	1	0	0	$c(q) - c(p \wedge q)$
	q	0	1	0	1	$c(q)$
Kontravalenz	$p \veebar q$	0	1	1	0	$c(p) + c(q) - 2 \cdot c(p \wedge q)$
Disjunktion	$p \vee q$	0	1	1	1	$c(p) + c(q) - c(p \wedge q)$
	$\neg p \wedge \neg q$	1	0	0	0	$1 - c(p) - c(q) + c(p \wedge q)$
Äquivalenz	$p \equiv q$	1	0	0	1	$1 - c(p) - c(q) + 2 \cdot c(p \wedge q)$
Negation	$\neg q$	1	0	1	0	$1 - c(q)$
Subjunktion	$q \to p$	1	0	1	1	$1 - c(q) + c(p \wedge q)$
Negation	$\neg p$	1	1	0	0	$1 - c(p)$
Subjunktion	$p \to q$	1	1	0	1	$1 - c(p) + c(p \wedge q)$
	$\neg (p \wedge q)$	1	1	1	0	$1 - c(p \wedge q)$
Tautologie		1	1	1	1	1

4.6 Tautologien und Kontradiktionen

Im Folgenden bezeichnen wir zusammengesetzte und nicht zusammengesetzte Aussagen zusammenfassend als logische Ausdrücke.

Tautologien der klassischen Logik sind Ausdrücke, die stets wahr sind. Kontradiktionen sind Ausdrücke, die stets unwahr sind. Entsprechend definieren wir:

Definition:

Ein logischer Ausdruck ist in der Kumulations-Logik eine Tautologie / Kontradiktion genau dann, wenn er für alle kumulativen Bewertungen strikt wahr / falsch ist.

Tautologien und Kontradiktionen der klassischen Logik sind stets auch Tautologien und Kontradiktionen der Kumulations-Logik:

Satz 4.8:

Sei p eine Tautologie / Kontradiktion in der klassischen Logik.

Dann ist p eine Tautologie / Kontradiktion in der Kumulations-Logik.

Beweis: (für den Spezialfall endlicher Bewertungs-Gemeinschaften)

1. Seien p eine Tautologie in der klassischen Logik und $v^{(j)}(p)$ die elementaren Bewertungen einer kumulativen Bewertung $c(p)$ von p. Dann gilt:

$$c(p) = \frac{1}{M} \sum_{j=1}^{M} v^{(j)}(p) = \frac{1}{M} \sum_{j=1}^{M} 1 = 1$$

□

2. Seien p eine Kontradiktion in der klassischen Logik und $v^{(j)}(p)$ die elementaren Bewertungen einer kumulativen Bewertung $c(p)$ von p. Dann gilt:

$$c(p) = \frac{1}{M} \sum_{j=1}^{M} v^{(j)}(p) = \frac{1}{M} \sum_{j=1}^{M} 0 = 0$$

□

Anmerkung:

Der Umkehrschluss des Satzes ist nicht richtig. Wenn p eine kumulative Tautologie oder Kontradiktion ist, so bedeutet dies nicht, dass p eine klassische Tautologie oder Kontradiktion ist.

Zum Beispiel ist eine kumulativ strikt bewertete Konjunktion atomarer Aussagen eine kumulative Tautologie oder Kontradiktion. Eine Konjunktion ist jedoch klassisch keine Tautologie oder Kontradiktion.

Insbesondere gelten die folgenden grundlegenden Tautologien der klassischen Logik auch in der Kumulations-Logik:

Satz 4.9:   *(Satz vom ausgeschlossenen Dritten)*

$$c(p \lor \neg p) = 1$$

Dies bedeutet: Eine Aussage ist elementar wahr, oder sie ist falsch. Elementare Aussagen können keine anderen Werte als wahr oder falsch annehmen.

Anmerkung:

$c(p \lor \neg p) = 1$ bedeutet nicht, dass $c(p) = 1$ oder $c(\neg p) = 1$ gilt. In der klassischen Logik und in der Fuzzy-Logik dagegen ist diese Folgerung richtig.

Anmerkung: Fuzzy-Logik

Mit Fuzzy-Logik bezeichnen wir alle mehrwertigen Logiken, deren Negations-, Konjunktions- und Disjunktions-Bewertungen durch die Zadeh-Operatoren für Negation, Konjunktion und Disjunktion gegeben sind:

$$c_{\text{fuzzy}}(\neg p) = 1 - c_{\text{fuzzy}}(p)$$

$$c_{\text{fuzzy}}(p \land q) = \min(c_{\text{fuzzy}}(p), c_{\text{fuzzy}}(q))$$

$$c_{\text{fuzzy}}(p \lor q) = \max(c_{\text{fuzzy}}(p), c_{\text{fuzzy}}(q))$$

Satz 4.10:   *(Modus Ponens)*

$$c((p \land (p \to q)) \to q) = 1$$

Dies bedeutet, dass elementar gilt: Wenn p gilt und wenn gilt, dass wenn p gilt auch q gilt, dann gilt q.

In der Fuzzy-Logik gelten beide Tautologien (der Satz vom ausgeschlossenen Dritten und der Modus Ponens) nicht.

4.7 Allgemeine Berechnung beliebiger logischer Ausdrücke

Das Prinzip der Berechnung kumulativer Bewertungen für zweistellige Junktionen lässt sich auf Ausdrücke aus mehr als zwei atomaren Aussagen verallgemeinern:

Verfahren: (Berechnung kumulativer Bewertung beliebiger logischer Ausdrücke)

> 1. Umformung des klassischen logischen Ausdrucks in eine Disjunktion sich gegenseitig ausschließender Junktionen und atomarer Aussagen.
> 2. Berechnung der Bewertungen der sich ausschließenden Junktionen aus den bekannten Bewertungen anderer Junktionen und atomarer Aussagen.
> 3. Aufsummierung der kumulativen Bewertungen der sich ausschließenden Junktionen.

In Schritt 1. können beliebige sich gegenseitig ausschließende Junktionen verwendet werden.

Zum Beispiel können die Konjunktionen aller Operanden oder Negationen der Operanden des logischen Ausdrucks verwendet werden.

Bei n Operanden gibt es 2^n mögliche solche Konjunktionen:

Eine Konjunktion von n nicht-negierten oder negierten Operanden ist eindeutig bestimmt durch die Festlegung, welche der Operanden der Konjunktion durch die Konjunktion direkt verundet werden und welche Operanden negiert verundet werden. Für die n Operanden der n-stelligen Konjunktion sind also n binäre Festlegungen zu treffen.

Es gibt genau 2^n verschiedene Möglichkeiten, n unabhängige binäre Entscheidungen zu treffen. Daher gibt es genau 2^n verschiedene n-stellige Konjunktionen aller n Operanden oder Negationen der Operanden.

Tabelle 4.4 zeigt als Beispiel alle möglichen dreistelligen Konjunktionen.

Tabelle 4.4: Dreistellige Konjunktionen.

p negiert	q negiert	r negiert	Konjunktion
0	0	0	$p \wedge q \wedge r$
0	0	1	$p \wedge q \wedge \neg r$
0	1	0	$p \wedge \neg q \wedge r$
0	1	1	$p \wedge \neg q \wedge \neg r$
1	0	0	$\neg p \wedge q \wedge r$
1	0	1	$\neg p \wedge q \wedge \neg r$
1	1	0	$\neg p \wedge \neg q \wedge r$
1	1	1	$\neg p \wedge \neg q \wedge \neg r$

Die Bewertungen beliebiger logischer Ausdrücke von n Aussagen lassen sich aus den Bewertungen der 2^n n-stelligen Konjunktionen der Aussagen und negierten Aussagen berechnen. Diese Anzahl an Konjunktionen ist zur Berechnung beliebiger logischer Ausdrücke der Aussagen i.A. auch erforderlich.

Es gilt:

Satz 4.11:

Seien p_i n logische Aussagen und k_i die 2^n möglichen n-stelligen Konjunktionen der logischen Aussagen p_i oder ihrer Negationen $\neg p_i$:

$$k_i = \wedge_{j=1}^{n} p_{i,j}$$
$$p_{i,j} = p_j \, oder \, p_{i,j} = \neg p_j$$
$$\{p_{i,1}, \ ..., p_{i,n}\} \neq \{p_{j,1}, \ ..., p_{j,n}\} \, f\ddot{u}r \, i \neq j$$

Sei weiterhin p ein logischer Ausdruck der Aussagen p_i.

1. Dann gibt es eine Auswahl $\{k_{i_j}\}_{j=1,...,N}$ von $N \leq 2^n$ der n-stelligen Konjunktionen k_i, sodass:

$$c(p) = \sum_{j=1}^{N} c(k_{i_j})$$

2. Wenn keine der Bewertungen $c(k_i)$ der Konjunktionen k_i verschwindet, dann sind zur Berechnung der kumulativen Bewertungen einer Menge beliebiger n-stelliger Ausdrücke aus den kumulativen Bewertungen der n-stelligen Konjunktionen k_i die kumulativen Bewertungen aller möglichen 2^n n-stelligen Konjunktionen erforderlich.

Beweis:

1. In klassischer Logik lässt sich p darstellen als Disjunktion von $N \leq 2^n$ sich gegenseitig ausschließenden n-stelligen Konjunktionen:

$$p = \vee_{i=1}^{N} k_i$$

mit:

$$k_i := \wedge_{j=1}^{n} p_{i,j}$$
$$p_{i,j} = p_j \, oder \, p_{i,j} = \neg p_j$$

$$\{p_{i,1}, \ldots, p_{i,n}\} \neq \{p_{j,1}, \ldots, p_{j,n}\} \text{ für } i \neq j$$

Wegen der Disjunktheit der Konjunktionen k_i ist mit Satz 4.4:

$$c(p) = c\left(\vee_{i=1}^{N} k_i\right) = \sum_{i=1}^{N} c(k_i)$$

$\square$

2. Wir nehmen an, dass bereits die kumulativen Bewertungen von $2^n - 1$ n-stelligen Konjunktionen der Aussagen p_i oder ihrer Negationen zur Berechnung der kumulativen Bewertung beliebiger Ausdrücke genügen.

Sei k die Konjunktion der 2^n möglichen verschiedenen n-stelligen Konjunktionen der Aussagen oder ihrer Negationen, deren kumulative Bewertung zur Berechnung der kumulativen Bewertung eines beliebigen Ausdruckes p nicht erforderlich ist.

Wir wählen $p = 1$ als Ausdruck, dessen kumulative Bewertung berechnet werden soll. Da p aus den $2^n - 1$ n-stelligen Konjunktionen außer k berechnet werden kann, gibt es eine Auswahl $\{k_{i_j}\}_{j=1,\ldots,N}, N \leq 2^n - 1$ dieser Konjunktionen, sodass:

$$c(p) = \sum_{j=1}^{N} c\left(k_{i_j}\right)$$

Andererseits ist:

$$1 = \vee_{i=1}^{2^n} k_i = \left(\vee_{i=1, k_i \neq k}^{2^n} k_i\right) \bigvee k = \left(\vee_{j=1}^{N} k_{i_j}\right) \bigvee \left(\vee_{i=1, k_i \neq k, k_i \notin \{k_{i_j}\}}^{2^n} k_i\right) \bigvee k$$

Mit Satz 4.4 folgt:

$$\begin{aligned} c(p) &= \sum_{j=1}^{N} c\left(k_{i_j}\right) \\ &= c\left(\vee_{j=1}^{N} k_{i_j}\right) \\ &= c(1) - c\left(\vee_{i=1, k_i \neq k, k_i \notin \{k_{i_j}\}}^{2^n} k_i\right) - c(k) \end{aligned}$$

Nach Voraussetzung ist $c(k) > 0$ und daher:

$$\begin{aligned} c(p) &= c(1) - c\left(\vee_{i=1, k_i \neq k, k_i \notin \{k_{i_j}\}}^{2^n} k_i\right) - c(k) \\ &< c(1) \end{aligned}$$

Dies ist ein Widerspruch. Daher ist die Annahme falsch, und die kumulativen Bewertungen von $2^n - 1$ n-stelligen Konjunktionen genügen nicht zur Berechnung der kumulativen Bewertung beliebiger Ausdrücke.

$\square$

Zur Berechnung der Bewertungen nicht strikt wahrer logischer Ausdrücke genügen bereits die Bewertungen von $2^n - 1$ der n-stelligen Konjunktionen der Aussagen und negierten Aussagen:

Satz 4.12:

Seien p_i n logische Aussagen und k_i die 2^n möglichen n-stelligen Konjunktionen der logischen Aussagen p_i oder ihrer Negationen:

$$k_i = \wedge_{j=1}^n p_{i,j}$$
$$p_{i,j} = p_j \text{ oder } p_{i,j} = \neg\, p_j$$
$$\{p_{i,1}, \ldots, p_{i,n}\} \neq \{p_{j,1}, \ldots, p_{j,n}\} \text{ für } i \neq j$$

Sei außerdem p ein nicht strikt wahrer logischer Ausdruck der Aussagen p_i.

1. Dann gibt es eine Auswahl $\left\{k_{i_j}\right\}_{j=1,\ldots,N}$ von $N \leq 2^n - 1$ der n-stelligen Konjunktionen k_i, sodass:

$$c(p) = \sum_{j=1}^{N} c\!\left(k_{i_j}\right)$$

2. Wenn keine der Bewertungen $c(k_i)$ der Konjunktionen k_i verschwindet, dann sind zur Berechnung der kumulativen Bewertungen einer Menge beliebiger n-stelliger nicht strikt wahrer logischer Ausdrücke aus den kumulativen Bewertungen der n-stelligen Konjunktionen k_i die kumulativen Bewertungen von $2^n - 1$ der möglichen 2^n n-stelligen Konjunktionen erforderlich.

Beweis:

1. Nach Satz 4.11 gibt es eine Auswahl $\left\{k_{i_j}\right\}_{j=1,\ldots,N}$ von $N \leq 2^n$ der n-stelligen Konjunktionen k_i, sodass:

$$c(p) = \sum_{j=1}^{N} c\!\left(k_{i_j}\right)$$

Wir nehmen an, dass $N = 2^n$ ist. Die Disjunktion aller n-stelligen Konjunktionen ergibt jedoch:

$$\vee_{i=1}^{2^n} k_i = 1$$

Daraus folgt:

$$c(p) = c\!\left(\vee_{i=1}^{N} k_i\right) = c\!\left(\vee_{i=1}^{2^n} k_i\right) = c(1) = 1$$

Dies ist ein Widerspruch zur Voraussetzung $c(p) \neq 1$. Daher ist die Annahme falsch, und es ist $N \leq 2^n - 1$.

□

2. Wir nehmen an, dass bereits die kumulativen Bewertungen von $(2^n - 2)$ n-stelligen Konjunktionen der Aussagen p_i oder ihrer Negationen zur Berechnung der kumulativen Bewertung beliebiger nicht strikt wahrer Ausdrücke genügen.

Seien k und k^* die Konjunktionen der 2^n möglichen verschiedenen n-stelligen Konjunktionen der Aussagen oder ihrer Negationen, deren kumulative Bewertungen zur Berechnung der kumulativen Bewertung eines beliebigen nicht strikt wahren Ausdruckes p nicht erforderlich sind.

Wir wählen nun $p = k$ als Ausdruck, dessen kumulative Bewertung berechnet werden soll. Sei $c(k)$ der aus den kumulativen Bewertungen der $2^n - 2$ Konjunktionen berechnete Wert der kumulativen Bewertung von k.

Sei c' ein weiterer kumulativer Bewerter, der definiert ist durch die elementaren Bewerter:

$$v^{(j)'}(k') =$$

$$\begin{cases} v^{(j)}(k_i) & \text{wenn } k' = k_i = n\text{-stellige Konjunktion der Aussagen oder ihrer Negationen,} \\ & \text{die zur Berechnung der kumulativen Bewertung beliebigerAusdrücke genügen} \\ 0 & \text{wenn } k' = k^* \end{cases}$$

Die Bewertungen $v^{(j)'}(k^*)$ können in dieser Weise (d.h. unabhängig von den Bewertungen $v^{(j)'}(k_i)$) gewählt werden, da k^* und k_i disjunkt sind.

Entsprechend unserer Annahme von $2^n - 2$ genügenden n-stelligen Konjunktionen k_i, kann $c'(k)$ ebenfalls aus den Bewertungen der $2^n - 2$ n-stelligen Konjunktionen k_i berechnet werden. Wegen $v^{(j)'}(k_i) = v^{(j)}(k_i)$ ist $c'(k_i) = c(k_i)$, und für das Berechnungsergebnis von $c'(k)$ folgt:

$$c'(k) = c(k)$$

$c'(k)$ kann aber auch aus den kumulativen Bewertungen der $2^n - 2$ Konjunktionen und der kumulativen Bewertung $c(k^*)$ der Konjunktion k^* berechnet werden, denn es ist:

$$1 = \bigvee_{i=1}^{2^n} k_i = \left(\bigvee_{i=1}^{2^n-2} k_i \right) \bigvee k \bigvee k^*$$

Mit Satz 4.4 folgt:

$$c'(k) = 1 - \sum_{i=1}^{2^n-2} c'(k_i) - c'(k^*)$$
$$= 1 - \sum_{i=1}^{2^n-2} c(k_i) - 0$$
$$\neq 1 - \sum_{i=1}^{2^n-2} c(k_i) - c(k^*)$$
$$= c(k)$$

Dies ist ein Widerspruch. Daher ist die Annahme falsch, und die kumulativen Bewertungen von $2^n - 2$ n-stelligen Konjunktionen genügen nicht zur Berechnung der kumulativen Bewertung beliebiger nicht strikt wahrer Ausdrücke.

□

In vielen Fällen sind nur die direkten Konjunktionen der Operanden (d.h. ohne negierte Operanden) bekannt.

Die Gesamtheit aller bis zu n-stelligen direkten Konjunktionen zusammen mit den atomaren Aussagen liefert $2^n - 1$ Aussagen. Diese Aussagen sind ebenfalls ausreichend, um die Bewertungen beliebiger nicht strikt wahrer Ausdrücke daraus zu berechnen:

Satz 4.13:

Es seien n Aussagen p_i gegeben. Wir bezeichnen alle Ausdrücke der Form $\bigwedge_{i=1}^{m} p_i$ mit $m \leq n$ als eine direkte Konjunktion der Aussagen p_i. Dabei lassen wir auch $m = 1$ zu und meinen mit $\bigwedge_{i=1}^{1} p_i$ die Aussage p_i allein. Mit dieser Bezeichnungsweise gilt:

1. Es gibt genau $2^n - 1$ verschiedene maximal n-stellige direkte Konjunktionen der n Aussagen p_i.

2. Sei p ein nicht strikt wahrer logischer Ausdruck der n logischen Aussagen p_i. Dann gibt es $N \leq 2^n - 1$ ein- bis n-stellige direkte Konjunktionen k_i der Aussagen p_i und Koeffizienten α_i, sodass:

$$c(p) = \sum_{i=1}^{N} \alpha_i \cdot c(k_i)$$

3. Zur Berechnung der kumulativen Bewertungen einer Menge beliebiger nicht strikt wahrer Ausdrücke aus den kumulativen Bewertungen bis zu n-stelliger direkter Konjunktionen sind die kumulativen Bewertungen aller $2^n - 1$ maximal n-stelligen direkten Konjunktionen erforderlich.

Beweis: (für den Spezialfall endlicher Bewertungs-Gemeinschaften)

1. Aus n Aussagen p_i lassen sich genau $\binom{n}{m}$ verschiedene Kombinationen von m Aussagen auswählen. Also gibt es genau $\binom{n}{m}$ verschiedene m-stellige direkte Konjunktionen der n Aussagen. Damit ist die Gesamt-Anzahl N verschiedener bis zu n-stelliger direkter Konjunktionen der n Aussagen:

$$N = \sum_{m=1}^{n} \binom{n}{m} = \sum_{m=0}^{n} \binom{n}{m} - 1 = 2^n - 1$$

$\square$

2. a) Wir zeigen zunächst, dass sich die kumulative Bewertung jeder n-stelligen Konjunktion der Aussagen p_i und negierten Aussagen $\neg p_i$ aus den kumulativen Bewertungen der 1 bis n-stelligen direkten Konjunktionen der Aussagen p_i berechnen lässt.

Sei k eine n-stellige Konjunktion der Aussagen p_i und negierten Aussagen $\neg p_i$:

$$k = \bigwedge_{i=1}^{n} p_i' \text{ mit } p_i' = p_i \text{ oder } p_i' = \neg p_i$$

Wenn k ausschließlich nicht-negierte Aussagen verundet, so ist k bereits eine direkte Konjunktion, und es ist keine weitere Berechnung von $c(k)$ erforderlich.

Wenn k mindestens eine negierte Aussage verundet, so wählen wir eine der negierten Aussagen $\neg p_j$ und berechnen $c(k)$ aus Bewertungen von Konjunktionen, die p_j nicht mehr negiert verunden. Es ist:

$$\bigwedge_{i=1,i\neq j}^{n} p_i' = \left(\left(\bigwedge_{i=1,i\neq j}^{n} p_i' \right) \bigwedge \neg p_j \right) \bigvee \left(\left(\bigwedge_{i=1,i\neq j}^{n} p_i' \right) \bigwedge p_j \right)$$
$$= k \bigvee \left(\left(\bigwedge_{i=1,i\neq j}^{n} p_i' \right) \bigwedge p_j \right)$$

Damit wird:

$$c(\wedge_{i=1,i\neq j}^{n} p_i') = c(k) + c((\wedge_{i=1,i\neq j}^{n} p_i') \wedge p_j)$$

Nach Umformung:

$$c(k) = c(\wedge_{i=1,i\neq j}^{n} p_i') - c((\wedge_{i=1,i\neq j}^{n} p_i') \wedge p_j)$$

Diese Beziehung erlaubt die Berechnung von $c(k)$ als lineare Kombination von Bewertungen von Konjunktionen, welche eine Aussage weniger negiert verunden als k. Durch wiederholte Anwendung des Schrittes lässt sich die Berechnung von $c(k)$ weiter reduzieren auf Konjunktionen, welche jeweils eine Aussage weniger negiert verunden als die Konjunktionen des vorherigen Schrittes. Nach maximal n Schritten sind alle negiert verundeten Aussagen eliminiert, und $c(k)$ liegt als lineare Kombination von ausschließlich direkten Konjunktionen der Aussagen p_i vor. Das heißt, $c(k)$ hat die Form:

$$c(k) = \sum_{i=1}^{N_k} \beta_i \cdot c(k_i) \text{ mit Konjunktionen } k_i, \text{ die die Aussagen } p_i \text{ direkt verunden}$$

b) Mit Satz 4.11 lässt sich $c(p)$ ausdrücken als Summe von Bewertungen von n-stelligen Konjunktionen k_i' der nicht-negierten und negierten Aussagen p_i:

$$c(p) = \sum_{i=1}^{N} c(k_i')$$

mit:

$$k_i' = \wedge_{j=1}^{n} p_{i,j}, \ p_{i,j} = p_l \text{ oder } p_{i,j} = \neg \, p_l$$

$$\{p_{i,1}, \ ..., \ p_{i,n}\} \neq \{p_{j,1}, \ ..., \ p_{j,n}\} \text{ für } i \neq j$$

Durch Anwendung des unter a) beschriebenen Verfahrens lassen sich die Bewertungen der Konjunktionen k_i' durch lineare Kombinationen der Bewertungen von ausschließlich direkten Konjunktionen $k_{i,j}$ der Aussagen p_i ausdrücken:

$$c(k_i') = \sum_{j=1}^{N_{k_i'}} \beta_{i,j} \cdot c(k_{i,j})$$

Damit wird:

$$\begin{aligned} c(p) &= \sum_{i=1}^{N} c(k_i') \\ &= \sum_{i=1}^{N} \left(\sum_{j=1}^{N_{k_i'}} \beta_{i,j} \cdot c(k_{i,j}) \right) \\ &= \sum_{i=1}^{N} \alpha_i \cdot c(k_i) \end{aligned}$$

mit:

$$\alpha_i := \sum_{k_{i,j}=k_i} \beta_{i,j}$$

□

3. Wir nehmen an, dass bereits die kumulativen Bewertungen von $(2^n - 2)$ n-stelligen direkten Konjunktionen k_i zur Berechnung der kumulativen Bewertung beliebiger nicht strikt wahrer Ausdrücke genügen.

Sei k die direkte Konjunktion der $2^n - 1$ verschiedenen 1 bis n-stelligen direkten Konjunktionen der Aussagen p_i, deren kumulative Bewertung zur Berechnung der kumulativen Bewertung eines beliebigen m-stelligen Ausdruckes p nicht erforderlich ist.

Wir wählen nun $p = k$ als Ausdruck, dessen kumulative Bewertung berechnet werden soll. Sei $c(k)$ der aus den kumulativen Bewertungen der $2^n - 2$ Konjunktionen berechnete Wert der kumulativen Bewertung von k.

Sei c' ein weiterer kumulativer Bewerter, der definiert ist durch die elementaren Bewertungen:

$$v^{(j)\prime}(k') = \begin{cases} v^{(j)}(k_i) & \text{wenn } k' = k_i \\ 0 & \text{wenn } k' = k \end{cases}$$

Die Bewertungen $v^{(j)\prime}(k)$ können in dieser Weise (d.h. unabhängig von den Bewertungen $v^{(j)\prime}(k_i)$) gewählt werden, da k und k_i disjunkt sind.

Entsprechend unserer Annahme von $2^n - 2$ genügenden n-stelligen direkten Konjunktionen k_i, kann $c'(k)$ ebenfalls aus den Bewertungen der $2^n - 2$ n-stelligen direkten Konjunktionen berechnet werden. Wegen $v^{(j)\prime}(k_i) = v^{(j)}(k_i)$ ist $c'(k_i) = c(k_i)$, und für das Berechnungsergebnis von $c'(k)$ folgt:

$$c'(k) = c(k)$$

Andererseits ist:

$$c'(k) = \frac{1}{M} \sum_{j=1}^{M} v^{(j)\prime}(k)$$
$$= \frac{1}{M} \sum_{j=1}^{M} 0$$
$$= 0$$
$$\neq c(k)$$

Dies ist ein Widerspruch. Daher ist die Annahme falsch, und die kumulativen Bewertungen von $(2^n - 2)$ n-stelligen Konjunktionen genügen nicht zur Berechnung der kumulativen Bewertung beliebiger m-stelliger nicht strikt wahrer Ausdrücke.

□

Das oben beschriebene Verfahren zur Berechnung der kumulativen Bewertung beliebiger logischer Ausdrücke ermöglicht stets die Bestimmung der kumulativen Bewertung n-stelliger Ausdrücke. Allerdings ist die Methode nicht immer effizient.

Zum Beispiel erfordert die Methode zur Berechnung des Ausdrucks $(p \wedge (p \to q)) \to q$ die Zerlegung:

$$(p \wedge (p \to q)) \to q = (\neg p \wedge \neg q) \vee (\neg p \wedge q) \vee (p \wedge \neg q) \vee (p \wedge q)$$

und die zugehörige Summation:

$$c((p \wedge (p \to q)) \to q) = c(\neg p \wedge \neg q) + c(\neg p \wedge q) + c(p \wedge \neg q) + c(p \wedge q)$$

Mit den aus einer konkreten Bewertung bekannten Werten der Konjunktionen errechnet man hieraus:

$$c((p \wedge (p \to q)) \to q) = 1$$

Dieses Ergebnis erhält man einfacher, wenn man berücksichtigt, dass klassisch $(p \wedge (p \to q)) \to q$ eine Tautologie ist. Denn damit gilt:

$$c((p \wedge (p \to q)) \to q) = c(1) = 1$$

Die folgende erweiterte Vorgehensweise zur Berechnung der kumulativen Bewertung beliebiger logischer Ausdrücke ist häufig sinnvoller:

Verfahren: (Erweitertes Verfahren zur Berechnung der kumulativen Bewertung beliebiger logischer Ausdrücke)

0. Vereinfachung des klassischen logischen Ausdrucks durch Ersetzung von Tautologien und Kontradiktionen mit 1 bzw. 0.

1. Umformung des vereinfachten klassischen logischen Ausdrucks in eine Disjunktion sich gegenseitig ausschließender Junktionen und atomarer Aussagen.

2. Berechnung der kumulativen Bewertungen der sich ausschließenden Junktionen aus den bekannten kumulativen Bewertungen anderer Junktionen und atomarer Aussagen.

3. Aufsummierung der kumulativen Bewertungen der sich gegenseitig ausschließenden Junktionen.

Das Verfahren basiert auf der Zerlegung logischer Ausdrücke in Disjunktionen sich gegenseitig ausschließender Aussagen. Wegen Satz 4.4 ist die nach dem Verfahren berechnete kumulative Bewertung unabhängig von den der kumulativen Bewertung zugrunde liegenden elementaren Bewertern.

Die nach dem Verfahren berechnete kumulative Bewertung eines logischen Ausdrucks ist außerdem unabhängig von der Wahl der für die Berechnung gewählten disjunkten Zerlegung des logischen Ausdrucks:

Satz 4.14:

Sei p ein logischer Ausdruck mit den beiden disjunkten Zerlegungen:

$$p = \bigvee_{i=1}^{N} p_i \ und \ p = \bigvee_{i=1}^{N'} p'_i$$

$$p_i \wedge p_j = 0, \ p'_i \wedge p'_j = 0 \ für \ i \neq j$$

Sei c ein kumulativer Bewerter der logischen Ausdrücke p_i und p'_i. Dann sind die aus den Bewertungen der Ausdrücke p_i und p'_i berechneten Bewertungen von p durch c identisch:

$$\sum_{i=1}^{N} c(p_i) = \sum_{i=1}^{N'} c(p'_i)$$

Beweis:

Seien $v^{(j)}$ elementare Bewerter zu dem kumulativen Bewerter c.

Die elementaren Bewerter bewerten die Ausdrücke p_i und p'_i. Daher bewerten sie auch die Konjunktionen $p_i \wedge p'_j$. Seien $c(p_i \wedge p'_j)$ die zugehörigen kumulativen Bewertungen durch c.

Wegen $p = \bigvee_{i=1}^{N} p_i$ und $p = \bigvee_{i=1}^{N'} p'_i$ ist:

$$p_i = p_i \wedge p = p_i \wedge \bigvee_{j=1}^{N'} p'_j = \bigvee_{j=1}^{N'} p_i \wedge p'_j$$

Da die Ausdrücke p_i disjunkt sind und die Ausdrücke p'_j disjunkt sind, sind auch die Ausdrücke $p_i \wedge p'_j$ disjunkt. Mit Satz 4.4 folgt :

$$c(p_i) = c\Big(\bigvee_{j=1}^{N'} p_i \wedge p'_j \Big) = \sum_{j=1}^{N'} c(p_i \wedge p'_j)$$

Analog gilt:

$$c(p'_j) = c\Big(\bigvee_{i=1}^{N} p_i \wedge p'_j \Big) = \sum_{i=1}^{N} c(p_i \wedge p'_j)$$

Damit wird:

$$\sum_{i=1}^{N} c(p_i) = \sum_{i=1}^{N} \sum_{j=1}^{N'} c(p_i \wedge p'_j) = \sum_{j=1}^{N'} c(p'_j)$$

□

5

Abhängigkeit und Subjektivität kumulativer Bewertungen

5.1 Kumulative Abhängigkeit

Kumulative Bewertungen von Konjunktionen lassen sich in einem wichtigen Spezialfall doch aus den Bewertungen ihrer Operanden berechnen. Und zwar dann, wenn die Häufigkeit positiver elementarer Bewertungen des einen Operanden p der Konjunktion nicht davon abhängt, ob der andere Operand q als wahr oder als falsch bewertet wird. Das heißt dann, wenn die relative Häufigkeit der positiven Bewertungen von p unter der Einschränkung, dass q wahr ist, $\frac{c(p \wedge q)}{c(q)}$, gleich der relativen Häufigkeit der positiven Bewertungen von p, $c(p)$, ist:

$$\frac{c(p \wedge q)}{c(q)} = c(p)$$

In der Realität ist diese Bedingung bei großen Mächtigkeiten der kumulativen Bewertungen gut erfüllt, wenn die Aussagen p und q nicht miteinander gekoppelt sind (d.h., wenn die Aussagen p

und q nicht die gleichen atomaren Aussagen enthalten) und wenn die elementaren Bewertungen der Aussagen p und q nicht miteinander gekoppelt sind.

Beispiel: (Kumulativ unabhängige Aussagen)

Als Beispiel betrachten wir die Aussagen p ="der Ball ist rot" und q ="der Ball ist groß".

Beide Aussagen seien mit einem Kontinuum unendlich vieler Schwellwert-Bewertungen elementar bewertet. Die Schwellwert-Bewerter operieren auf physikalischen Maßen r für die "Rotheit" bzw. g für die "Großheit" des Balles.

Verwendete physikalische Maße können z.B. der Energieanteil roter Lichtwellenlängen an der gesamten Lichtenergie, die vom Ball reflektiert wird und der Durchmesser des Balles sein.

Die physikalischen Maße seien beide auf das Interval [0, 1] normiert.

Die elementaren Bewertungen $v^{(j)}(p)$ und $v^{(j)}(q)$ durch den j-ten Schwellwert-Bewerter sind durch ihre beiden Schwellwerte $t_p^{(j)}$ und $t_q^{(j)}$ eindeutig festgelegt: Der j-te Schwellwert-Bewerter bewertet p genau dann mit wahr, wenn $r \geq t_p^{(j)}$ ist, und er bewertet q genau dann mit wahr, wenn $g \geq t_q^{(j)}$ ist.

Die Schwellwert-Paare $\left(t_p^{(j)}, t_q^{(j)}\right)$ seien nun im Raum möglicher physikalischer Werte gleichverteilt. Dann ist die relative Häufigkeit der Schwellwert-Bewerter, die die Aussage p mit wahr bewerten, gleich der Länge des Intervals der Schwellwerte, die kleiner oder gleich r sind, also gleich r. Die relative Häufigkeit der Schwellwert-Bewerter, die die Aussage q mit wahr bewerten, ergibt sich analog als g. Das folgende Bild verdeutlicht den Zusammenhang für die Aussage p.

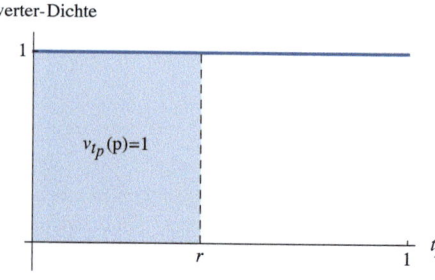

Die Schwellwert-Bewerter j, die beide Aussagen p und q mit wahr bewerten, sind die Bewerter, für die $r \geq t_p^{(j)}$ und $g \geq t_q^{(j)}$ ist. Das sind die Schwellwert-Bewerter, deren Schwellwert-Paare im Rechteck $[0, r] \times [0, g]$ liegen. Ihre relative Häufigkeit ist die relative Fläche des Rechtecks $[0, r] \times [0, g]$, also $r \cdot g$.

Die kumulativen Bewertungen von p, q und $p \wedge q$ sind gerade die relativen Häufigkeiten ihrer elementaren Wahr-Bewertungen. Damit lassen sich die kumulativen Bewertungen im Raum der physikalischen Maße r und g geometrisch wie im folgenden Bild darstellen.

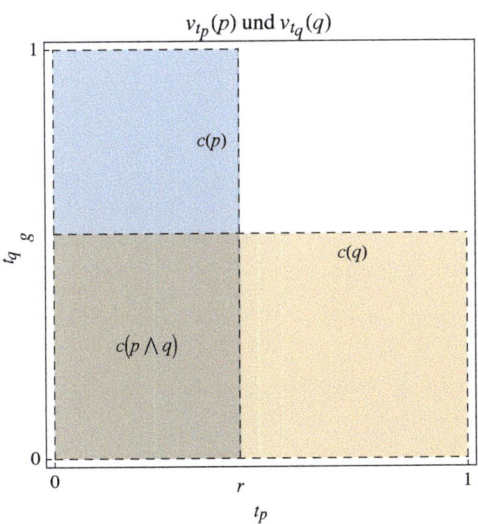

Es gilt:

$$c(p \wedge q) = r \cdot g = c(p) \cdot c(q)$$

Mithin:

$$\frac{c(p \wedge q)}{c(q)} = \frac{c(p) \cdot c(q)}{c(q)} = c(p)$$

Das heißt, die Häufigkeit positiver elementarer Bewertungen des Operanden p der Konjunktion hängt nicht davon ab, ob der andere Operand q als wahr oder als falsch bewertet ist.

Bild 5.1 veranschaulicht die Abhängigkeit der kumulativen Bewertung der Konjunktion von den kumulativen Bewertungen ihrer Operanden für den Fall, dass die kumulative Bewertung von p nicht von der Bedingung q abhängt.

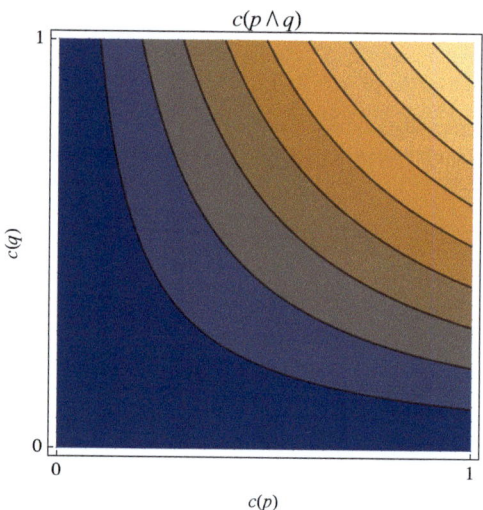

Bild 5.1: Kumulative Bewertung der Konjunktion $p \wedge q$, wenn die kumulative Bewertung von p nicht von der Bedingung q abhängt.

Da die kumulative Bewertung von p nicht von der Bedingung q abhängt und umgekehrt, bezeichnen wir p und q als kumulativ unabhängig.

Wir definieren:

Definition:

Zwei Aussagen p und q heißen unter der kumulativen Bewertung c unabhängig, wenn:

$$c(p \wedge q) = c(p) \cdot c(q)$$

Der Zusammenhang zwischen kumulativer Bewertung und physikalischen Maßen zugrunde liegender elementarer Schwellwert-Bewertungen muss bei kumulativer Unabhängigkeit nicht so ausfallen wie im obigen Beispiel.

Die Bilder 5.2, 5.3 und 5.4 zeigen einen anderen möglichen Zusammenhang, bei dem die Bewertungs-Schwellwerte Gauss-verteilt sind.

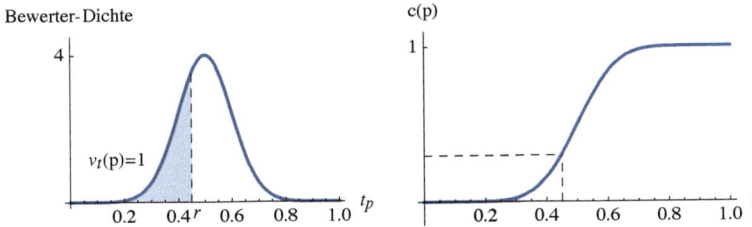

Bild 5.2: Gauss-verteilte elementare Schwellwert-Bewerter.

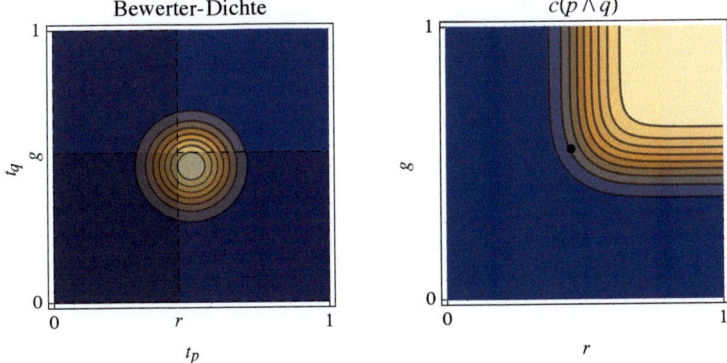

Bild 5.3: Unabhängig Gauss-verteilte elementare Schwellwert-Bewerter.

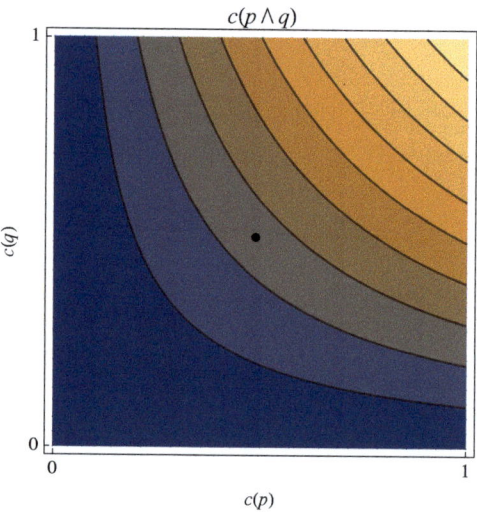

Bild 5.4: Kumulative Konjunktions-Bewertung für unabhängig Gauss-verteilte Schwellwert-Bewerter.

Anmerkung:

Die kumulative Unabhängigkeit zweier Aussagen bedeutet nicht, dass die den Aussagen zugrunde liegenden physikalischen Größen unabhängig sind. Auch wenn die den Aussagen zugrunde liegenden physikalischen Größen abhängig sind, können die Aussagen kumulativ unabhängig sein. Dann sind die Bewertungen $c(p)$ und $c(q)$ zwar korreliert, die kumulative Unabhängigkeitsbedingung $c(p \wedge q) = c(p) \cdot c(q)$ kann aber dennoch sehr wohl erfüllt sein.

Umgekehrt bedeutet die kumulative Abhängigkeit zweier Aussagen nicht, dass die den Aussagen zugrunde liegenden physikalischen Größen abhängig sind. Auch wenn die den Aussagen zugrunde liegenden physikalischen Größen unabhängig sind, können die Aussagen kumulativ abhängig sein. Dann sind die Bewertungen $c(p)$ und $c(q)$ zwar unkorreliert, die kumulative Unabhängigkeitsbedingung $c(p \wedge q) = c(p) \cdot c(q)$ kann aber dennoch sehr wohl verletzt sein.

Die Fuzzy-logische Bewertung zweier Aussagen p und q ist ein Beispiel für kumulativ abhängige Bewertungen durch gekoppelte elementare Bewertungen:

Beispiel: (Kumulativ abhängige Aussagen)

Die Fuzzy-logische Bewertung der Konjunktion zweier Aussagen p und q lässt sich durch elementare Schwellwert-Bewerter darstellen. Das folgende Bild zeigt eine entsprechende Schwellwert-Verteilung.

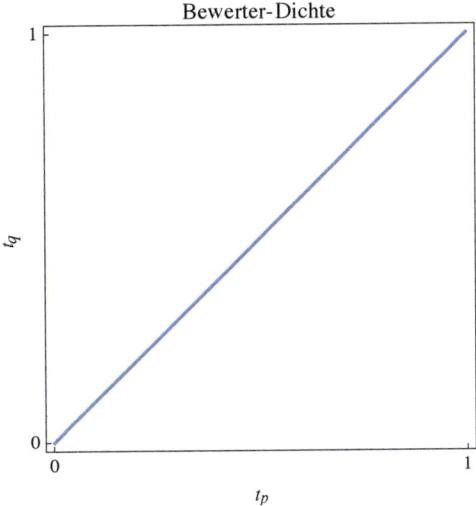

Die zugehörige Abhängigkeit der Fuzzy-logischen Bewertung der Konjunktion $p \wedge q$ von den kumulativen Bewertungen der Aussagen p und q ist im folgenden Bild dargestellt.

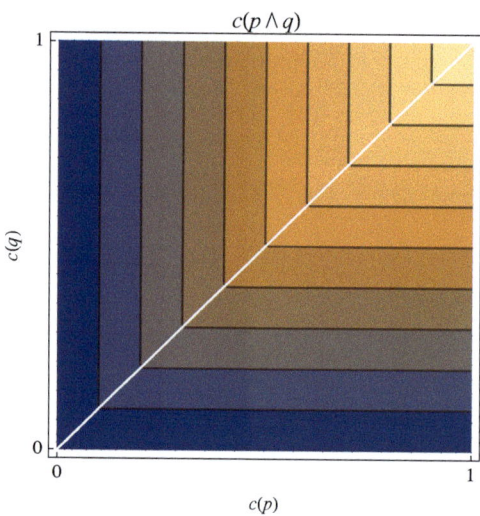

Der Schwellwert für die Bewertung der einen atomaren Aussage ist für einen gegebenen elementaren Bewerter stets gleich dem Schwellwert für die Bewertung der anderen atomaren Aussage. Die Schwellwerte hängen also voneinander ab. Die zugehörigen elementaren Bewertungen sind gekoppelt.

Diese Abhängigkeit kann interpretiert werden als Ausdruck dafür, dass Schwellwerte durch die Schwellwert-Bewerter generell hoch oder niedrig angesetzt werden (etwa, weil eine bewertende Person generell empfindlich oder nicht empfindlich für physikalische Einwirkungen ist).

Die logische Negation überträgt die kumulative Unabhängigkeit:

Satz 5.1:

Seien p und q Aussagen, die kumulativ unabhängig sind.

Dann sind p und $\neg\,q$ ebenfalls kumulativ unabhängig.

Beweis:

Wegen Satz 4.4 ist:

$$c(p) = c((p \wedge q) \bigvee (p \wedge \neg\,q))$$
$$= c(p \wedge q) + c(p \wedge \neg\,q)$$

Daraus folgt:

$$c(p \wedge \neg\,q) = c(p) - c(p \wedge q)$$
$$= c(p) - c(p) \cdot c(q)$$
$$= c(p) \cdot (1 - c(q))$$
$$= c(p) \cdot c(\neg\,q)$$

□

Die Konjunktion erhält die kumulative Unabhängigkeit i.A. aber nicht:

Wenn die Aussagen p und q kumulativ unabhängig sind und die Aussagen p und r kumulativ unabhängig sind und die Aussagen q und r kumulativ unabhängig sind, so folgt daraus nicht, dass die Aussagen $p \wedge q$ und r ebenfalls kumulativ unabhängig sind.

Als Gegenbeispiel betrachten wir 4 elementare Schwellwert-Bewerter $v^{(j)}$, $j = 1, 2, 3, 4$. Die Bewerter bewerten 3 atomare Aussagen p, q und r über die physikalischen Größen x_p, x_q und x_r. Die Werte der physikalischen Größen liegen jeweils im Interval $[0, 4]$.

Wir legen die Schwellwert-Vektoren $\overrightarrow{t^{(j)}} = \begin{pmatrix} t^{(j)}_p \\ t^{(j)}_q \\ t^{(j)}_r \end{pmatrix}$ der elementaren Bewerter folgendermaßen

fest:

$$\overrightarrow{t^{(1)}} = \begin{pmatrix} 3 \\ 1 \\ 1 \end{pmatrix} \qquad \overrightarrow{t^{(2)}} = \begin{pmatrix} 1 \\ 3 \\ 1 \end{pmatrix} \qquad \overrightarrow{t^{(3)}} = \begin{pmatrix} 1 \\ 1 \\ 3 \end{pmatrix} \qquad \overrightarrow{t^{(4)}} = \begin{pmatrix} 3 \\ 3 \\ 3 \end{pmatrix}$$

Die Lagen der Schwellwert-Vektoren sind in Bild 5.5 als Mittelpunkte farbiger Kuben verdeutlicht.

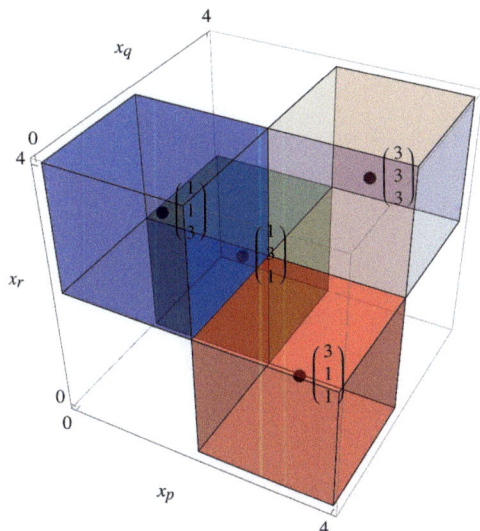

Bild 5.5: Schwellwert-Vektoren im Raum der physikalischen Größen.

Wir betrachten nun die kumulative Bewertung der Aussagen p, q und r für den Fall der

physikalischen Werte $\vec{x} = \begin{pmatrix} x_p \\ x_q \\ x_r \end{pmatrix} = \begin{pmatrix} 2 \\ 2 \\ 2 \end{pmatrix}$. In diesem Fall liefern die Schwellwert-Bewerter die in

Tabelle 5.1 gezeigten Bewertungen. Daraus folgen die ebenfalls in Tabelle 5.1 gelisteten kumulativen Bewertungen der atomaren Aussagen und der Konjunktionen der atomaren Aussagen.

Tabelle 5.1: Schwellwert-Bewertungen und kumulative Bewertungen.

	p	q	r	$p \wedge q$	$p \wedge r$	$q \wedge r$	$p \wedge q \wedge r$
$v^{(1)}$	0	1	1	0	0	1	0
$v^{(2)}$	1	0	1	0	1	0	0
$v^{(3)}$	1	1	0	1	0	0	0
$v^{(4)}$	0	0	0	0	0	0	0
c	$\frac{1}{2}$	$\frac{1}{2}$	$\frac{1}{2}$	$\frac{1}{4}$	$\frac{1}{4}$	$\frac{1}{4}$	0

Die kumulativen Bewertungen erfüllen die Bedingung für kumulative Unabhängigkeit für p und q, für p und r und für q und r. Die Unabhängigkeits-Bedingung ist jedoch nicht erfüllt für $p \wedge q$ und r oder für $p \wedge r$ und q oder für $q \wedge r$ und p:

$$c(p \wedge q) = c(p) \cdot c(q)$$
$$c(p \wedge r) = c(p) \cdot c(r)$$
$$c(q \wedge r) = c(q) \cdot c(r)$$
$$c((p \wedge q) \wedge r) \neq c(p \wedge q) \cdot c(r)$$
$$c((p \wedge r) \wedge q) \neq c(p \wedge r) \cdot c(q)$$
$$c((q \wedge r) \wedge p) \neq c(q \wedge r) \cdot c(p)$$

Die Konjunktion erhält die kumulative Unabhängigkeit also nicht.

Da andere Junktionen durch Negationen und Konjunktionen darstellbar sind, erhalten auch diese die kumulative Unabhängigkeit i.A. nicht.

Als Maß für die kumulative Abhängigkeit zweier Aussagen definieren wir:

Definition:

Die kumulative Abhängigkeit zweier Aussagen p und q ist:

$$dep(p, q) := c(p \wedge q) - c(p) \cdot c(q)$$

Anmerkung:

Fasst man die elementaren Bewertungen der Aussagen p und q als Werte zweier Zufallsvariablen auf, so entspricht $dep(p, q)$ gerade der Kovarianz der beiden Zufallsvariablen.

Die Werte der kumulativen Abhängigkeit liegen im Intervall $\left[-\frac{1}{4}, \frac{1}{4} \right]$:

Satz 5.2:

$$dep(p, q) \in \left[-\frac{1}{4}, \frac{1}{4}\right]$$

Beweis:

1. Wir betrachten zunächst die untere Grenze. Es ist:

$$\begin{aligned}
dep(p, q) &= c(p \wedge q) - c(p) \cdot c(q) \\
&\geq \max(0, c(p) + c(q) - 1) - c(p) \cdot c(q) \\
&= \begin{cases} -c(p) \cdot c(q) & \text{wenn } c(p) + c(q) < 1 \\ -(1 - c(p)) \cdot (1 - c(q)) & \text{wenn } c(p) + c(q) \geq 1 \end{cases}
\end{aligned}$$

Für $c(p) + c(q) < 1$ ist:

$$-c(p) \cdot c(q) > -c(p) \cdot (1 - c(p))$$

Und für $c(p) + c(q) \geq 1$ ist:

$$-(1 - c(p)) \cdot (1 - c(q)) \geq -(1 - c(p)) \cdot c(p)$$

Die Funktion $f(x) := x - x^2$ ist nach oben begrenzt und nimmt ihr absolutes Maximum bei $x = \frac{1}{2}$ an. Mit den obigen Abschätzungen folgt:

$$\begin{aligned}
dep(p, q) &\geq -c(p) \cdot (1 - c(p)) \\
&= -f(c(p)) \\
&\geq -f\left(\frac{1}{2}\right) \\
&= -\frac{1}{4}
\end{aligned}$$

□

2. Nun betrachten wir die obere Grenze. Es ist:

$$\begin{aligned}
dep(p, q) &= c(p \wedge q) - c(p) \cdot c(q) \\
&\leq \min(c(p), c(q)) - c(p) \cdot c(q) \\
&= \begin{cases} c(p) \cdot (1 - c(q)) & \text{wenn } c(p) < c(q) \\ c(q) \cdot (1 - c(p)) & \text{wenn } c(p) \geq c(q) \end{cases}
\end{aligned}$$

Für $c(p) < c(q)$ ist:

$$c(p) \cdot (1 - c(q)) < c(p) \cdot (1 - c(p))$$

Und für $c(p) \geq c(q)$ ist:

$$c(q) \cdot (1 - c(p)) \leq c(p) \cdot (1 - c(p))$$

Mit obiger Funktion $f(x) := x - x^2$ folgt:

$$\begin{aligned}
dep(p, q) &\leq c(p) \cdot (1 - c(p)) \\
&= f(c(p)) \\
&\leq f\left(\frac{1}{2}\right)
\end{aligned}$$

$$= \frac{1}{4}$$

□

5.2 Subjektivität

Die Unabhängigkeits-Bedingung $c(p \wedge q) = c(p) \cdot c(q)$ bedeutet, dass die Bewertung von p durch die Gemeinschaft der Bewerter, die q als wahr bewerten, gleich der übergeordneten Bewertung von p ist. Denn für $c(q) > 0$ gilt:

$$\frac{c(p \wedge q)}{c(q)} = c(p)$$

Die untergeordnete Bewerter-Gemeinschaft, die durch q gegeben ist, bewertet p genauso wie die übergeordnete, objektive Gemeinschaft aller Bewerter.

In diesem Sinne ist die untergeordnete Bewertung objektiv.

Wir definieren:

Definition:

Sei V' eine nicht leere untergeordnete Bewerter-Gemeinschaft einer übergeordneten Bewerter-Gemeinschaft V und $c_{V'}(p)$ die zugehörige untergeordnete kumulative Bewertung einer Aussage p.

1. Die Subjektivität der untergeordneten Bewertung $c_{V'}(p)$ unter der übergeordneten Bewertung $c(p)$ für die Aussage p ist:

$$sub_{V'}(p) := c_{V'}(p) - c(p)$$

2. $c_{V'}(p)$ heißt subjektiv unter $c : \Leftrightarrow sub_{V'}(p) \neq 0.$

3. $c_{V'}(p)$ heißt objektiv unter $c : \Leftrightarrow sub_{V'}(p) = 0.$

$sub_{V'}(p)$ ist die Abweichung der untergeordneten Bewertung von der übergeordneten Bewertung von p.

Anmerkung:

Objektivität im hier verwendeten Sinn meint nicht die absolute Korrektheit einer Aussage. Vielmehr ist sie als das Nicht-Abweichen von der Bewertung einer übergeordneten, objektiven Gesamt-Bewerter-Gemeinschaft zu verstehen.

Beispiel:

Sei p die Aussage "der Ball ist groß". Die Aussage wird durch die gesamte Bewerter-Gemeinschaft aller Ballspieler objektiv bewertet. Die untergeordnete Gemeinschaft der ballspielenden Kinder bewertet die Aussage subjektiv mit einem höheren kumulativen Wert (s. nachfolgendes Bild).

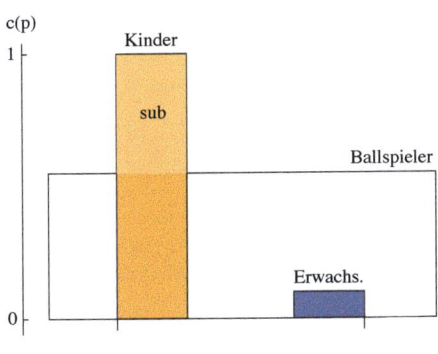

Die Subjektivität einer Bewertung kann positive oder negative Werte zwischen -1 und 1 annehmen:

Satz 5.3:

$$\mathrm{sub}_{V'}(p) \in (-1,\, 1)$$

Beweis:

Sei V' eine untergeordnete Bewerter-Gemeinschaft der Bewerter-Gemeinschaft der kumulativen Bewertung $c(p)$ einer Aussage p. Dann ist:

$$\begin{aligned}
\mathrm{sub}_{V'}(p) &= c_{V'}(p) - c(p) \\
&\geq \min_p(c_{V'}(p)) - \max_p(c(p)) \\
&= 0 - 1 \\
&= -1
\end{aligned}$$

Der Wert -1 kann tatsächlich nicht angenommen werden. Denn würde der Wert -1 angenommen, so wäre:

$$c(p) = c_{V'}(p) - \mathrm{sub}_{V'}(p) = c_{V'}(p) + 1$$

Da $c(p) \in [0,\, 1]$ und $c_{V'}(p) \in [0,\, 1]$, kann dies nur erfüllt werden durch:

$$c(p) = 1 \text{ und } c_{V'}(p) = 0$$

$c(p) = 1$ impliziert aber $v^{(j)}(p) = 1$ für alle elementaren Bewerter $v^{(j)}$ und damit auch für die elementaren Bewerter der untergeordneten Bewerter-Gemeinschaft V'. Damit folgt $c_{V'}(p) = 1$. Dies ist ein Widerspruch. Also ist die Annahme falsch, und $\mathrm{sub}_{V'}(p)$ kann den Wert -1 nicht annehmen.

$\square$

Ebenso ist:

$$\begin{aligned}
\text{sub}_{V'}(p) &= c_{V'}(p) - c(p) \\
&\leq \max_p(c_{V'}(p)) - \min_p(c(p)) \\
&= 1 - 0 \\
&= 1
\end{aligned}$$

Der Wert 1 kann tatsächlich nicht angenommen werden. Denn würde der Wert 1 angenommen, so würde gelten:

$$c(p) = c_{V'}(p) - \text{sub}_{V'}(p) = c_{V'}(p) - 1$$

Da $c(p) \in [0, 1]$ und $c_{V'}(p) \in [0, 1]$, kann dies nur erfüllt werden durch:

$$c(p) = 0 \text{ und } c_{V'}(p) = 1$$

$c(p) = 0$ impliziert aber $v^{(j)}(p) = 0$ für alle elementaren Bewerter $v^{(j)}$ und damit auch für die elementaren Bewerter der untergeordneten Bewerter-Gemeinschaft V'. Damit folgt $c_{V'}(p) = 0$. Dies ist ein Widerspruch. Also ist die Annahme falsch, und $\text{sub}_{V'}(p)$ kann den Wert 1 nicht annehmen.

□

Im Folgenden betrachten wir untergeordnete Bewerter-Gemeinschaften V', die sich durch eine Aussage q definieren lassen:

Definition:

1. $\{q\} := \left\{ elementarer\ Bewerter\ j\ mit\ v^{(j)}(q) = 1 \right\}$ bezeichnen wir als Menge der Bewerter, die durch q gegeben sind.

2. Die untergeordnete Bewertung $c_{\{q\}}(p)$ einer Aussage p durch Bewerter, die durch die Aussage q gegeben sind, heißt Bewertung von p durch q.

Anmerkung:

Dass sich eine Bewerter-Gemeinschaft durch eine Aussage kennzeichnen lässt, bedeutet, dass die elementaren Bewerter der Bewerter-Gemeinschaft Objekte sind, über die die Bewerter-Gemeinschaft Aussagen machen kann. Das heißt, dass Bewerter und bewertete Objekte zu derselben bewertbaren Welt gehören.

Für die Bewertung einer Aussage p durch eine Aussage q gilt:

Satz 5.4:

$$c_{\{q\}}(p) = \frac{c(p \wedge q)}{c(q)}$$

$$\text{sub}_{\{q\}}(p) = \frac{c(p \wedge q)}{c(q)} - c(p)$$

Beweis: (für den Spezialfall endlicher Bewertungs-Gemeinschaften)

1. Die kumulative Bewertung der Aussage p durch die elementaren Bewerter, die durch q gegeben sind, ist:

$$c_{\{q\}}(p) = \frac{\sum_{v^{(j)}(q)=1} v^{(j)}(p)}{\sum_{v^{(j)}(q)=1} 1}$$

$$= \frac{\sum_{j=1}^{M} v^{(j)}(q \wedge p)/M}{\sum_{j=1}^{M} v^{(j)}(q)/M}$$

$$= \frac{c(p \wedge q)}{c(q)}$$

□

2. Aus der Definition der Subjektivität einer untergeordneten Bewertung folgt für die Subjektivität der Bewertung von p durch q:

$$\mathrm{sub}_{\{q\}}(p) = \frac{c(p \wedge q)}{c(q)} - c(p)$$

□

5.3 Charakterisierung von Objektivität

Die Objektivität einer untergeordneten Bewertung lässt sich auf mehrere Weisen charakterisieren:

Satz 5.5:

Für zwei Aussagen p und q mit $c(q) > 0$ sind die folgenden Bedingungen äquivalent:

1. Die Bewertung von p durch q ist objektiv.

2. $\mathrm{sub}_{\{q\}}(p) = 0$

3. $\mathrm{dep}(p, q) = 0$

4. p und q sind kumulativ unabhängig.

Beweis:

1. Die Äquivalenz zwischen 1. und 2. ist gerade die Definition einer objektiven Bewertung.

2. Die Äquivalenz zwischen 2. und 3. folgt aus dem Zusammenhang zwischen $\mathrm{sub}_{\{q\}}(p)$ und $\mathrm{dep}(p, q)$:

$$\mathrm{sub}_{\{q\}}(p) = \frac{c(p \wedge q)}{c(q)} - c(p)$$

$$= \frac{c(p \wedge q)}{c(q)} - \frac{c(p) \cdot c(q)}{c(q)}$$

$$= \frac{\mathrm{dep}(p, q)}{c(q)}$$

Für $c(q) > 0$ gilt damit:

$$\text{sub}_{\{q\}}(p) = 0 \Leftrightarrow \text{dep}(p, q) = 0$$

3. Die Äquivalenz zwischen 3. und 4. folgt aus den Definitionen für die kumulative Abhängigkeit und das kumulativ Unabhängig-Sein:

$$0 = \text{dep}(p, q)$$
$$= c(p \wedge q) - c(p) \cdot c(q)$$

$\Leftrightarrow$

$$c(p \wedge q) = c(p) \cdot c(q)$$

$\Leftrightarrow$ p und q sind kumulativ unabhängig

$\square$

Die Objektivität einer untergeordneten Bewertung einer Aussage p durch q bedeutet makroskopisch (d.h. auf der Ebene kumulativer Bewertungen), dass die Bewertung der Konjunktion $p \wedge q$ der Aussagen in bestimmter Weise mit den Bewertungen der Aussagen p und q zusammenhängt:

$$c(p \wedge q) = c(p) \cdot c(q)$$

Mikroskopisch (d.h. auf der Ebene elementarer Bewertungen) bedeutet die Objektivität der Bewertung einer Aussage p durch q gerade die Unkorreliertheit der elementaren Bewertungen der Aussagen.

5.4 Eigenschaften der Subjektivität

Aus der Definition von Objektivität folgt:

Satz 5.6:

$c(p)$ ist objektiv unter c für alle Aussagen p.

Das heißt, übergeordnete Bewertungen sind stets objektiv.

Beweis:

Die Subjektivität von $c(p)$ unter $c(p)$ ist:

$$\text{sub}_{\{1\}}(p) := c_{\{1\}}(p) - c(p)$$
$$= c(p) - c(p)$$
$$= 0$$

$\square$

Aus der Definition der Subjektivität folgt:

Satz 5.7:

$$sub_{\{p\}}(p) = 1 - c(p) = \max_{q} sub_{\{q\}}(p)$$

Das heißt, die "Eigen"-Bewertung ist maximal subjektiv.

Beweis:

$$\begin{aligned}
\text{sub}_{\{p\}}(p) &= c_{\{p\}}(p) - c(p) \\
&= 1 - c(p) \\
&= \max_q c_{\{q\}}(p) - c(p) \\
&= \max_q \text{sub}_{\{q\}}(p)
\end{aligned}$$

□

Und:

Satz 5.8:

Wenn:

$$c(p) = 0 \text{ oder } c(p) = 1$$

dann sind alle untergeordneten Bewertungen von p objektiv.

Das heißt, übergeordnet strikt bewertete Aussagen werden durch alle untergeordneten Bewerter objektiv bewertet.

Beweis:

Seien V' eine untergeordnete Bewerter-Gemeinschaft der kumulativen Bewertung c und $v^{(j)}$ elementare Bewerter zu der kumulativen Bewertung. Sei p eine Aussage mit $c(p) = 0$ oder $c(p) = 1$. Dann gilt für alle elementaren Bewertungen zu c einheitlich:

$$v^{(j)}(p) = 0 \text{ oder } v^{(j)}(p) = 1$$

Die elementaren Bewerter in V' sind elementare Bewerter zu c. Daher sind die elementaren Bewertungen zu $c_{V'}$ ebenfalls einheitlich 0 oder 1. Es folgt:

$$c_{V'}(p) = 0 \text{ oder } c_{V'}(p) = 1$$

Also wird:

$$\text{sub}_{V'}(p) = c_{V'}(p) - c(p) = 0$$

□

$\text{sub}_{\{q\}}(p)$ und $\text{sub}_{\{p\}}(q)$ lassen sich ineinander umrechnen:

Satz 5.9:

Für $c(p) \neq 0$ und $c(q) \neq 0$ gilt:

$$\text{sub}_{\{p\}}(q) = \frac{c(q)}{c(p)} \text{sub}_{\{q\}}(p)$$

Beweis:

$$\begin{aligned}
\text{sub}_{\{p\}}(q) &= \frac{c(p \wedge q)}{c(p)} - c(q) \\
&= \frac{c(q)}{c(p)} \cdot \frac{c(p \wedge q)}{c(q)} - \frac{c(q)}{c(p)} \cdot c(p)
\end{aligned}$$

$$= \frac{c(q)}{c(p)} \cdot \left(\frac{c(p \wedge q)}{c(q)} - c(p) \right)$$

$$= \frac{c(q)}{c(p)} \cdot \text{sub}_{\{q\}}(p)$$

☐

Korollar 5.2:

Es gilt:

$$c_{\{q\}}(p) \text{ ist objektiv und } c(p) > 0$$

genau dann, wenn:

$$c_{\{p\}}(q) \text{ ist objektiv und } c(q) > 0$$

Beweis:

Sei $c_{\{q\}}(p)$ objektiv und $c(p) > 0$. Dies ist gleichbedeutend mit:

$$\text{sub}_{\{q\}}(p) = 0 \text{ und } c(p) > 0$$

Und dies gilt genau dann, wenn:

$$\text{sub}_{\{p\}}(q) = \frac{c(q)}{c(p)} \cdot \text{sub}_{\{q\}}(p) = 0 \text{ und } c(q) > 0$$

☐

Zur weiteren Interpretation der Subjektivität definieren wir:

Definition:

1. Zwei Aussagen p und q heißen identisch unter einer kumulativen Bewertung mit elementaren Bewertern $\{v^{(j)}\}$ genau dann, wenn: $v^{(j)}(p) = v^{(j)}(q)$ für alle j.

2. Wir bezeichnen $id(p, q) := c(p \equiv q)$ als Grad des Identisch-Seins der Aussagen p und q.

Der Grad des Identisch-Seins zweier Aussagen gibt an, welcher Anteil der elementaren Bewerter p und q als klassisch logisch äquivalent bewertet. Zwei Aussagen sind genau dann identisch, wenn ihre Äquivalenz strikt wahr ist.

Das Identisch-Sein zweier Aussagen unter einer kumulativen Bewertung impliziert gleiche kumulative Bewertungen der Aussagen (da alle elementaren Bewertungen der Aussagen gleich sind). Gleiche kumulative Bewertungen zweier Aussagen bedeuten jedoch nicht das Identisch-Sein der Aussagen. Tabelle 5.2 zeigt ein Gegenbeispiel.

Tabelle 5.2: Gleiche kumulative Bewertungen implizieren nicht Identisch-Sein.

	p	q	$p \equiv q$
$v^{(1)}$	1	0	0
$v^{(2)}$	0	1	0
c	$\frac{1}{2}$	$\frac{1}{2}$	0

Es gilt aber:

Satz 5.10:

Für $\forall\, \varepsilon > 0$ gilt: $\exists\, \delta_1, \delta_2 > 0$, sodass:

Für $\forall\, p, q$ mit:

$$|c(p) - c(q)| < \delta_1$$

$$c(p) < \delta_2 \quad oder \quad 1 - c(p) < \delta_2$$

gilt:

$$1 - id(p, q) < \varepsilon$$

Für Aussagen, die kumulativ ähnlich bewertet sind, gilt: Je näher die kumulative Bewertung einer der Aussagen an 0 oder 1 liegt, desto identischer sind die Aussagen unter der kumulativen Bewertung.

Beweis:

Nach Tabelle 4.3 und mit der Konjunktions-Abschätzung ist:

$$\begin{aligned}
id(p, q) &= 1 - c(p) - c(q) + 2 \cdot c(p \wedge q)\\
&\geq 1 - c(p) - c(q) + 2 \cdot \max(0, c(p) + c(q) - 1)\\
&= \max(1 - c(p) - c(q), c(p) + c(q) - 1)\\
&= |1 - c(p) - c(q)|
\end{aligned}$$

Hieraus folgt:

$$1 - id(p, q) \leq 1 - |1 - c(p) - c(q)| = \begin{cases} c(p) + c(q) & \text{wenn } c(p) + c(q) \leq 1\\ 2 - c(p) - c(q) & \text{wenn } c(p) + c(q) > 1 \end{cases}$$

Zu gegebenem $\varepsilon > 0$ wählen wir nun:

$$\delta_1 = \min\left(\frac{1}{2}, \frac{1}{2}\varepsilon\right)$$

$$\delta_2 = \min\left(\frac{1}{4}, \frac{1}{4}\varepsilon\right)$$

1. Wir betrachten zunächst den Fall $c(p) < \delta_2$. Für diesen Fall gilt wegen der Voraussetzung $|c(p) - c(q)| < \delta_1$:

$$c(q) < c(p) + \delta_1 < \delta_2 + \delta_1$$

Daraus folgt:

$$c(p) + c(q) < 2 \cdot \delta_2 + \delta_1 \leq 1$$

Und hieraus folgt mit obiger Abschätzung für $1 - id(p, q)$:

$$1 - id(p, q) \leq c(p) + c(q) < 2 \cdot \delta_2 + \delta_1 \leq \varepsilon$$

□

2. Für den Fall $1 - c(p) < \delta_2$ gilt wegen $|c(p) - c(q)| < \delta_1$:

$$c(q) > c(p) - \delta_1 > 1 - \delta_2 - \delta_1$$

Daraus folgt:

$$c(p) + c(q) > 2 - 2 \cdot \delta_2 - \delta_1 \geq 1$$

Und hieraus folgt:

$$1 - \mathrm{id}(p, q) \leq 2 - c(p) - c(q) < 2 - 2 + 2 \cdot \delta_2 + \delta_1 \leq \varepsilon$$

□

Für $c(p) = c(q)$ zeigt Bild 5.6 den Zusammenhang zwischen $c(p)$, $c(q)$ und dem Mindestwert $|1 - c(p) - c(q)|$ des Identisch-Seins von p und q.

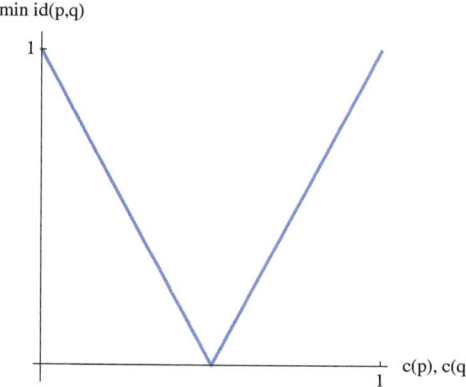

Bild 5.6: Mindestwert des Identisch-Seins zweier Aussagen mit gleichen kumulativen Bewertungen.

Bei Objektivität sind bestimmte Werte des Identisch-Seins zweier Aussagen nur für bestimmte Bewertungen der Aussagen möglich:

Satz 5.11:

Seien p und q zwei Aussagen, die sich gegenseitig objektiv bewerten. Dann gilt:

1. $\mathrm{id}(p, q)$ ist nahe 1 und größer als $\frac{1}{2}$ $\Leftrightarrow$ c(p) und c(q) sind beide nahe 0, oder sie sind beide nahe 1

2. $\mathrm{id}(p, q)$ ist nahe 0 und kleiner als $\frac{1}{2}$ $\Leftrightarrow$ c(p) und c(q) sind nahe 0 und 1, oder sie sind nahe 1 und 0

3. $\mathrm{id}(p, q) = \frac{1}{2}$ $\Leftrightarrow$ $c(p) = \frac{1}{2}$ oder $c(q) = \frac{1}{2}$

Diese Aussagen bedeuten:

1. Je perfekter identisch die Aussagen, desto näher liegen ihre beiden Bewertungen an 0 oder 1

und umgekehrt.

2. Je perfekter nicht-identisch die Aussagen, desto näher liegen ihre beiden Bewertungen an 0 und 1 oder an 1 und 0 und umgekehrt.

3. Wenn die Aussagen halb identisch sind, so hat eine ihrer kumulativen Bewertungen den Wert $\frac{1}{2}$ und umgekehrt.

Beweis:

1. Es ist:

$$\begin{aligned}
1 - \mathrm{id}(p, q) &= 1 - (1 - c(p) - c(q) + 2 \cdot c(p \wedge q)) \\
&= c(p) + c(q) - 2 \cdot c(p \wedge q) \\
&= c(p) + c(q) - 2 \cdot c(p) \cdot c(q) \\
&= c(p) \cdot (1 - c(q)) + c(q) \cdot (1 - c(p)) \\
&= f(c(p), c(q))
\end{aligned}$$

mit:

$$f(x, y) := x \cdot (1 - y) + y \cdot (1 - x)$$

a) Wir bestimmen zunächst die Nullstellen von f im Definitionsbereich $(x, y) \in [0, 1] \times [0, 1]$.

In diesem Definitionsbereich sind die Terme $x \cdot (1 - y)$ und $y \cdot (1 - x)$ stets größer oder gleich 0. $f(x, y)$ verschwindet daher genau dann, wenn beide Terme verschwinden:

$$x \cdot (1 - y) = 0 \text{ und } y \cdot (1 - x) = 0$$

Diese Gleichungen sind genau dann erfüllt, wenn:

$$x = y = 0 \text{ oder } x = y = 1$$

b) $f(x, y)$ ist stetig in x und y. Daher gilt:

$$x \text{ und } y \text{ sind beide nahe } 0, \text{ oder sie sind beide nahe } 1 \;\Rightarrow\; f(x, y) \text{ ist nahe } 0$$

c) Sei nun $\varepsilon > 0$, $< \frac{1}{2}$ gegeben. Wir zeigen, dass für $0 < f(x, y) < \varepsilon$ folgt, dass $x < \varepsilon$ und $y < \varepsilon$ oder dass $1 - x < \varepsilon$ und $1 - y < \varepsilon$.

Sei also $f(x, y) < \varepsilon$. Wir betrachten zunächst den Fall $x < \frac{1}{2}$. Es gilt:

$$\varepsilon > f(x, y) = y \cdot (1 - 2 \cdot x) + x$$

Daraus folgt:

$$x < \varepsilon - y \cdot (1 - 2 \cdot x) \le \varepsilon$$

und:

$$\begin{aligned}
y &< \tfrac{\varepsilon - x}{1 - 2 \cdot x} \\
&\le \max_{x \in [0, 1/2)} \tfrac{\varepsilon - x}{1 - 2 \cdot x} \\
&= \varepsilon
\end{aligned}$$

Das heißt, x und y sind beide nahe 0.

Nun betrachten wir den Fall $x > \frac{1}{2}$. Es gilt:

$$\varepsilon > f(x, y) = (1 - y) \cdot (2 \cdot x - 1) + 1 - x$$

Daraus folgt:

$$1 - x < \varepsilon - (1 - y) \cdot (2 \cdot x - 1) \le \varepsilon$$

und:

$$1 - y < \frac{\varepsilon - (1 - x)}{2 \cdot x - 1}$$

$$\le \max_{x \in (1/2, 1]} \frac{\varepsilon - (1 - x)}{2 \cdot x - 1}$$

$$= \varepsilon$$

Das heißt, x und y sind beide nahe 1.

Im Fall $x = \frac{1}{2}$ wird:

$$f(x, y) = x \cdot (1 - y) + y \cdot (1 - x) = \frac{1}{2}$$

Dies steht im Widerspruch zur Voraussetzung $f(x, y) < \varepsilon < \frac{1}{2}$. Der Fall $x = \frac{1}{2}$ kann daher nicht auftreten.

d) Aus a), b) und c) folgt für id(p, q):

id(p, q) is nahe 1 $\Leftrightarrow$ $c(p)$ und $c(q)$ sind beide nahe 0, oder sie sind beide nahe 1

□

2. Es ist:

$$id(p, q) = 1 - c(p) - c(q) + 2 \cdot c(p \wedge q)$$
$$= 1 - c(p) - c(q) + 2 \cdot c(p) \cdot c(q)$$
$$= c(p) \cdot c(q) + (1 - c(q)) \cdot (1 - c(p))$$
$$= g(c(p), c(q))$$

mit:

$$g(x, y) := x \cdot y + (1 - y) \cdot (1 - x)$$

a) Wir bestimmen zunächst die Nullstellen von g im Definitionsbereich $(x, y) \in [0, 1] \times [0, 1]$.
In diesem Definitionsbereich sind die Terme $x \cdot y$ und $(1 - y) \cdot (1 - x)$ stets größer oder gleich 0. $g(x, y)$ verschwindet daher genau dann, wenn beide Terme verschwinden:

$$x \cdot y = 0 \text{ und } (1 - y) \cdot (1 - x) = 0$$

Diese Gleichungen sind genau dann erfüllt, wenn:

$$(x = 0 \text{ und } y = 1) \text{ oder } (x = 1 \text{ und } y = 0)$$

b) $g(x, y)$ ist stetig in x und y. Daher gilt:

x und y sind nahe 0 und 1, oder x und y sind nahe 1 und 0 $\Rightarrow$ $g(x, y)$ ist nahe 0

c) Sei nun $\varepsilon > 0$, $< \frac{1}{2}$ gegeben. Wir zeigen, dass für $0 < g(x, y) < \varepsilon$ folgt, dass $x < \varepsilon$ und $1 - y < \varepsilon$ oder dass $1 - x < \varepsilon$ und $y < \varepsilon$.

Sei also $g(x, y) < \varepsilon$. Wir betrachten zunächst den Fall $x < \frac{1}{2}$. Es gilt:

$$\varepsilon > g(x, y) = (1 - y) \cdot (1 - 2 \cdot x) + x$$

Daraus folgt:

$$x < \varepsilon - (1 - y) \cdot (1 - 2 \cdot x) \leq \varepsilon$$

und:

$$1 - y < \frac{\varepsilon - x}{1 - 2 \cdot x}$$
$$\leq \max_{x \in [0, 1/2)} \frac{\varepsilon - x}{1 - 2 \cdot x}$$
$$= \varepsilon$$

Das heißt, x und y sind beide nahe 0 und 1.

Nun betrachten wir den Fall $x > \frac{1}{2}$. Es gilt:

$$\varepsilon > g(x, y) = y \cdot (2 \cdot x - 1) + 1 - x$$

Daraus folgt:

$$1 - x < \varepsilon - y \cdot (2 \cdot x - 1) \leq \varepsilon$$

und:

$$y < \frac{\varepsilon - (1 - x)}{2 \cdot x - 1}$$
$$\leq \max_{x \in (1/2, 1]} \frac{\varepsilon - (1 - x)}{2 \cdot x - 1}$$
$$= \varepsilon$$

Das heißt, x und y sind beide nahe 1 und 0.

Im Fall $x = \frac{1}{2}$ wird:

$$g(x, y) = x \cdot y + (1 - y) \cdot (1 - x) = \frac{1}{2}$$

Dies steht im Widerspruch zur Voraussetzung $g(x, y) < \varepsilon < \frac{1}{2}$. Der Fall $x = \frac{1}{2}$ kann daher nicht auftreten.

d) Aus a), b) und c) folgt für id(p, q):

id(p, q) is nahe 0 $\Leftrightarrow$ $c(p)$ und $c(q)$ sind nahe 0 und 1, oder sie sind nahe 1 und 0

$\square$

3. Die Nullstellen von:

$$h(x, y) := \frac{1}{2} - x - y + 2 \cdot x \cdot y$$
$$= 2 \cdot \left(x - \frac{1}{2}\right) \cdot \left(y - \frac{1}{2}\right)$$

sind:

$$x = \frac{1}{2} \quad \text{oder} \quad y = \frac{1}{2}$$

Es ist:

$$\text{id}(p, q) - \frac{1}{2} = 1 - c(p) - c(q) + 2 \cdot c(p) \cdot c(q) - \frac{1}{2}$$
$$= h(c(p), c(q))$$

Daher:

$$\text{id}(p, q) = \frac{1}{2} \iff h(c(p), c(q)) = 0$$
$$\iff c(p) = \frac{1}{2} \quad \text{oder} \quad c(q) = \frac{1}{2}$$

□

Bild 5.7 verdeutlicht den Zusammenhang zwischen id(p, q) und $c(p)$ und $c(q)$ bei Objektivität.

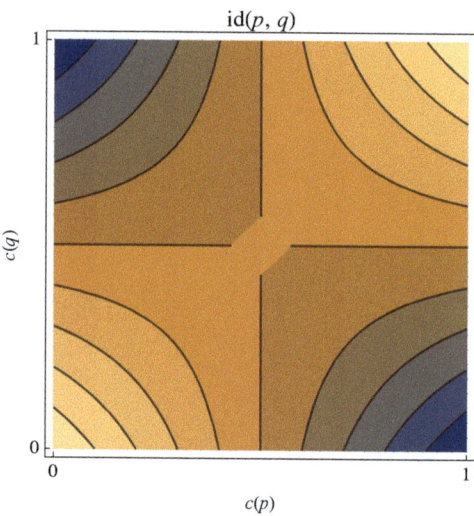

Bild 5.7: Abhängigkeit des Identisch-Seins von den kumulativen Bewertungen der Operanden des Identisch-Seins bei Objektivität.

Für maximale Subjektivität gilt :

Satz 5.12:

$$sub_{\{q\}}(p) = max_{q'} sub_{\{q'\}}(p) \Leftrightarrow c(q \to p) = 1$$

Das heißt, p wird durch q maximal subjektiv bewertet genau dann, wenn alle elementaren Bewerter, die durch q gegeben sind, p als wahr bewerten.

Beweis:

Es ist:

$$\frac{c(p \wedge q)}{c(q)} \leq \frac{min(c(p),c(q))}{c(q)}$$
$$\leq \frac{c(q)}{c(q)}$$
$$= 1$$

Dieser Grenzwert wird tatsächlich auch erreicht, und zwar durch die Wahl $q = p$. Damit ist der maximale Wert von $sub_{\{q\}}(p) = \frac{c(p \wedge q)}{c(q)} - c(p)$ gleich $1 - c(p)$, und dieser Wert wird genau dann erreicht, wenn:

$$c(p \wedge q) = c(q)$$

genau dann, wenn:

$$c(q \to p) = 1 - c(q) + c(p \wedge q)$$
$$= 1$$

□

Korollar 5.3:

$$sub_{\{q\}}(p) = max_{q'} sub_{\{q'\}}(p) \; und \; sub_{\{p\}}(q) = max_{p'} sub_{\{p'\}}(q) \Leftrightarrow id(p, q) = 1$$

Das heißt, p und q bewerten sich gegenseitig maximal subjektiv genau dann, wenn p und q identisch sind.

Beweis:

Es ist:

$$id(p, q) = c(p \equiv q)$$
$$= c(p \to q) + c(q \to p) - 1$$

Wegen der oberen Beschränktheit von $c(p \to q)$ und $c(q \to p)$ durch 1 ist $id(p, q) = 1$ genau dann erfüllt, wenn:

$$c(p \to q) = 1 \text{ und } c(q \to p) = 1$$

Mit Satz 5.12 ist dies äquivalent zu:

$$sub_{\{q\}}(p) = max_{q'} sub_{\{q'\}}(p) \text{ und } sub_{\{p\}}(q) = max_{p'} sub_{\{p'\}}(q)$$

□

Für minimale Subjektivität gilt:

Satz 5.13:

$$sub_{\{q\}}(p) = min_{q'} \, sub_{\{q'\}}(p) \quad \Leftrightarrow \quad c(q \to \neg p) = 1$$

Das heißt, p wird durch q minimal subjektiv (d.h. maximal negativ subjektiv) bewertet genau dann, wenn alle elementaren Bewerter, die durch q gegeben sind, p als falsch bewerten.

Anmerkung:

Man beachte, dass minimale Subjektivität nicht die negierte Identität der beiden bewerteten Aussagen bedeutet.

Beweis:

Es ist:

$$\frac{c(p \wedge q)}{c(q)} \geq 0$$

Der Grenzwert wird tatsächlich auch erreicht, und zwar durch die Wahl $q = \neg p$. Damit ist der minimale Wert von $sub_{\{q\}}(p) = \frac{c(p \wedge q)}{c(q)} - c(p)$ gleich $-c(p)$, und dieser Wert wird genau dann erreicht, wenn:

$$c(p \wedge q) = 0$$

genau dann, wenn:

$$\begin{aligned}
c(q \to \neg p) &= c(\neg \, (q \wedge \neg \neg p)) \\
&= 1 - c(p \wedge q) \\
&= 1
\end{aligned}$$

□

Korollar 5.4:

$$sub_{\{q\}}(p) = min_{q'} \, sub_{\{q'\}}(p) \quad \Leftrightarrow \quad c(p \wedge q) = 0$$

p wird durch q minimal subjektiv bewertet genau dann, wenn p und q disjunkt sind.

Beweis:

Nach Satz 5.13 ist $sub_{\{q\}}(p) = min_{q'} \, sub_{\{q'\}}(p)$ gleichbedeutend mit:

$$c(q \to \neg p) = 1$$

Wegen:

$$c(p \wedge q) = 1 - c(q \to \neg p)$$

ist daher $c(q \to \neg p) = 1$ gleichbedeutend mit:

$$c(p \wedge q) = 0$$

□

Korollar 5.5:

$$sub_{\{q\}}(p) = min_{q'}\, sub_{\{q'\}}(p) \Leftrightarrow sub_{\{p\}}(q) = min_{p'}\, sub_{\{p'\}}(q)$$

p wird durch q minimal subjektiv bewertet genau dann, wenn q durch p minimal subjektiv bewertet wird.

Beweis:

Wegen Korollar 5.4 gilt:

$$sub_{\{q\}}(p) = min_{q'}\, sub_{\{q'\}}(p)$$

genau dann, wenn:

$$c(p \wedge q) = 0$$

genau dann, wenn:

$$sub_{\{p\}}(q) = min_{p'}\, sub_{\{p'\}}(q)$$

$\square$

5.5 Zweistellige Junktionen bei kumulativer Unabhängigkeit

Im Falle kumulativ unabhängiger Aussagen ist die kumulative Bewertung eines n-stelligen logischen Ausdrucks p allein durch die kumulativen Bewertungen seiner Operanden p_i bestimmt:

Nach Satz 4.11 gibt es N n-stellige Konjunktionen k_i mit:

$$k_i = \bigwedge_{j=1}^{n} p_{i,j}$$
$$p_{i,j} = p_j \text{ oder } p_{i,j} = \neg\, p_j$$
$$\{p_{i,1}, \ldots, p_{i,n}\} \neq \{p_{j,1}, \ldots, p_{j,n}\} \text{ für } i \neq j$$
$$N \leq 2^n$$

sodass:

$$c(p) = \sum_{i=1}^{N} c(k_i)$$

Bei kumulativer Unabhängigkeit der Operanden folgt:

$$
\begin{aligned}
c(p) &= \sum_{i=1}^{N} c(k_i) \\
&= \sum_{i=1}^{N} c\left(\bigwedge_{j=1}^{n} p_{i,j}\right) \\
&= \sum_{i=1}^{N} \prod_{j=1}^{n} c(p_{i,j})
\end{aligned}
$$

Beispiel:

Als Beispiel betrachten wir die zweistellige Kontravalenz.

Für kumulativ unabhängige Operanden ergibt sich für die Kontravalenz die Abhängigkeit:

$$c(p \veebar q) = c(p \wedge \neg q) + c(\neg p \wedge q)$$
$$= c(p) \cdot (1 - c(q)) + (1 - c(p)) \cdot c(q)$$
$$= c(p) + c(q) - 2 \cdot c(p) \cdot c(q)$$

Das folgende Bild zeigt die Abhängigkeit.

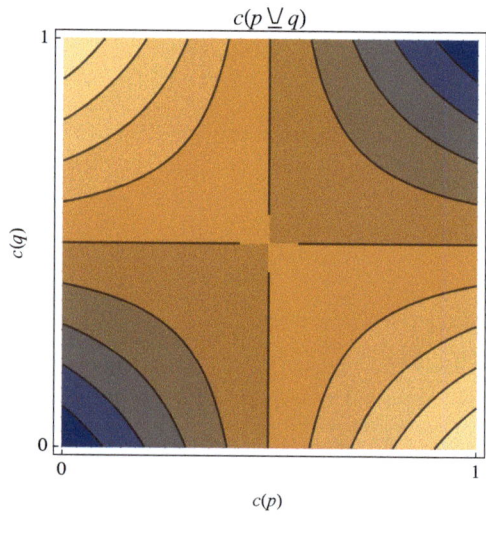

$$c(p \veebar q)$$

Wenn die kumulative Bewertung einer Junktion $\circ$ allein durch die kumulativen Bewertungen ihrer Operanden bestimmt ist, schreiben wir die Bewertung der Junktion auch in der Form:

$$c(c(p) \circ c(q)) := c(p \circ q)$$

Entsprechend Satz 4.11 lässt sich $c(p \circ q)$ durch Summation der Bewertungen von $N \leq 4$ zweistelligen Konjunktionen $k_i = p_i \wedge q_i$ mit ($p_i = p$ oder $p_i = \neg p$) und ($q_i = q$ oder $q_i = \neg q$) errechnen:

$$c(p \circ q) = \sum_{i=1}^{N} c(k_i)$$
$$= \sum_{i=1}^{N} c(p_i \wedge q_i)$$

Bei kumulativer Unabhängigkeit erhält man für $c(p) = c(q) = \frac{1}{2}$:

$$c\left(\frac{1}{2} \circ \frac{1}{2}\right) = c(p \circ q)$$
$$= \sum_{i=1}^{N} c(p_i \wedge q_i)$$

$$= \sum_{i=1}^{N} c(p_i) \cdot c(q_i)$$
$$= \sum_{i=1}^{N} \frac{1}{2} \cdot \frac{1}{2}$$
$$= N \cdot \frac{1}{4}$$

N ist die Anzahl disjunkter Konjunktionen, in die die Junktion zerlegt werden kann. Diese Anzahl ist gleich der Anzahl der möglichen strikten Bewertungen der Operanden der Junktion, für die die Junktion strikt wahr ist. Wir definieren:

Definition:

> *Wahrheitspotenzial einer Junktion*
> *:= Anteil strikter Operanden-Bewertungen, für die die Junktion strikt wahr ist*
> $$= \frac{\textit{Anzahl strikter Operanden-Bewertungen, für die die Junktion strikt wahr ist}}{\textit{Anzahl aller möglichen strikten Operanden-Bewertungen}}$$

Damit folgt:

Satz 5.14:

> *Für kumulativ unabhängige Aussagen p und q ist:*
> $$c\left(\frac{1}{2} \circ \frac{1}{2}\right) = \textit{Wahrheitspotenzial der Junktion } \circ$$

Beispiel:

Das Wahrheitspotenzial der Kontravalenz für unabhängige Aussagen ist wegen der Zerlegung $c(p \veebar q) = c(p) + c(q) - 2 \cdot c(p) \cdot c(q)$:

$$c\left(\frac{1}{2} \veebar \frac{1}{2}\right) = \frac{1}{2} + \frac{1}{2} - 2 \cdot \frac{1}{2} \cdot \frac{1}{2} = \frac{1}{2}$$

Die Kontravalenz misst die Verschiedenheit der Bewertungen ihrer Operanden. Der obige Wert des Wahrheitspotenzials bedeutet daher, dass die kumulative Bewertung $\frac{1}{2}$ halb verschieden von $\frac{1}{2}$ ist. Diese Aussage bedeutet: Die Hälfte der elementaren Bewerter der kumulativen Bewertung bewertet die Operanden verschieden (d.h. mit (0, 1) oder mit (1, 0)).

Tabelle 5.3 fasst die kumulativen Bewertungen und Wahrheitspotenziale für alle zweistelligen Junktionen bei kumulativer Unabhängigkeit zusammen.

Tabelle 5.3: Kumulative Bewertungen zweistelliger Junktionen bei kumulativer Unabhängigkeit.

Junktion	Symbol	$c(p \circ q)$	Graph	Wahrheitspotenzial
Kontradiktion	0	0		0
Konjunktion	$p \wedge q$	$c(p) \cdot c(q)$		$\dfrac{1}{4}$
	$p \wedge \neg q$	$c(p) - c(p) \cdot c(q)$		$\dfrac{1}{4}$
	p	$c(p)$		$\dfrac{1}{2}$
	$\neg p \wedge q$	$c(q) - c(p) \cdot c(q)$		$\dfrac{1}{4}$
	q	$c(q)$		$\dfrac{1}{2}$
Kontravalenz	$p \veebar q$	$c(p) + c(q) - 2 \cdot c(p) \cdot c(q)$		$\dfrac{1}{2}$
Disjunktion	$p \vee q$	$c(p) + c(q) - c(p) \cdot c(q)$		$\dfrac{3}{4}$
	$\neg p \wedge \neg q$	$1 - c(p) - c(q) + c(p \wedge q)$		$\dfrac{1}{4}$
Äquivalenz	$p \equiv q$	$1 - c(p) - c(q) + 2 \cdot c(p) \cdot c(q)$		$\dfrac{1}{2}$
Negation	$\neg q$	$1 - c(q)$		$\dfrac{1}{2}$
Subjunktion	$q \rightarrow p$	$1 - c(q) + c(p \wedge q)$		$\dfrac{3}{4}$
Negation	$\neg p$	$1 - c(p)$		$\dfrac{1}{2}$
Subjunktion	$p \rightarrow q$	$1 - c(p) + c(p) \cdot c(q)$		$\dfrac{3}{4}$
	$\neg (p \wedge q)$	$1 - c(p) \cdot c(q)$		$\dfrac{3}{4}$
Tautologie	1	1		1

6

Berechenbarkeit kumulativer Bewertungen

Die kumulativen Bewertungen zweistelliger logischer Ausdrücke lassen sich aus den kumulativen Bewertungen der atomaren Operanden der logischen Ausdrücke und der Konjunktion der atomaren Operanden berechnen (und zwar entsprechend Tabelle 4.3). Die Teil-Bewertung der Operanden und der Konjunktion bestimmt also die um die übrigen zweistelligen Junktionen erweiterte Bewertung maximal zweistelliger logischer Ausdrücke.

Wir definieren:

Definition:

Sei $Q = \{q_i\} \subseteq P$ $(Q \subset P)$ eine Teilmenge (echte Teilmenge) einer Menge von Aussagen $P = \{p_i\}$.

1. Eine Bewertung $c(q_i)$ der Aussagen $q_i \in Q$ heißt Teil-Bewertung (echte Teil-Bewertung) der Aussagen $P = \{p_i\}$.

2. Eine Bewertung $c'(p_i)$ der Aussagen $p_i \in P$ heißt Erweiterung (echte Erweiterung) der Bewertung $c(q_i)$ von Q, wenn für alle $q_i \in Q$:

$$c'(q_i) = c(q_i)$$

Anmerkung:

Der Begriff der Teil-Bewertung darf nicht mit dem Begriff der untergeordneten Bewertung verwechselt werden. Eine Teil-Bewertung bewertet eine echte Teilmenge einer Gesamt-Menge von Aussagen. Eine untergeordnete kumulative Bewertung bewertet eine Aussage durch eine Teilmenge der elementaren Bewerter der übergeordneten Bewertung.

Die kumulative Teil-Bewertung atomarer Aussagen und der zweistelligen Konjunktion der atomaren Aussagen bestimmt zwar die kumulative Bewertung aller zweistelligen logischen Ausdrücke der atomaren Aussagen. Die vollständige kumulative Bewertung aller möglichen (auch mehr als zweistelligen) logischen Ausdrücke ist jedoch nicht durch die Teil-Bewertung festgelegt.

Wir definieren:

Definition:

1. Sei P = {p_i} eine Menge von Aussagen p_i. Die Menge:

$$P^* := \{logischer\ Ausdruck\ von\ Aussagen\ p_i\ aus\ P\}$$

heißt Vervollständigung von P.

2. Eine Bewertung c(p) heißt vollständige Bewertung einer Menge P von Aussagen, wenn sie allen logischen Ausdrücken der Vervollständigung P* von P eine Bewertung zuordnet.

Und:

Definition:

Sei P = {p_i} eine Menge logischer Aussagen.

1. Eine Menge L = $\left\{ c^{(1)}(p),\ c^{(2)}(p),\ c^{(3)}(p),\ ... \right\}$ vollständiger Bewertungen $c^{(j)}(p)$ der logischen Aussagen p_i bezeichnen wir als Logik der Menge P der logischen Aussagen p_i.

2. Wir bezeichnen eine Logik als kumulative Logik, wenn die vollständigen Bewertungen der Logik kumulative Bewertungen sind.

Bild 6.1 verdeutlicht den Zusammenhang dieser Begrifflichkeiten.

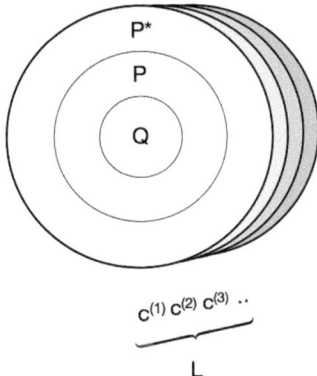

Bild 6.1: Bewertungen einer Logik.

Beispiel:

Seien $P = \{p_i\}$ atomare Aussagen. Sei $L = \left\{c^{(1)}(p),\ c^{(2)}(p),\ c^{(3)}(p),\ ...\right\}$ die Menge aller möglichen klassisch logischen Bewertungen der Aussagen p_i. Dann enthält L z.B. die Bewertungen:

$$c^{(1)}(p_1) = 0;\ \ c^{(1)}(p_2) = 0;\ \ c^{(1)}(p_1 \wedge p_2) = 0;\ ...$$
$$c^{(2)}(p_1) = 0;\ \ c^{(2)}(p_2) = 1;\ \ c^{(2)}(p_1 \wedge p_2) = 0;\ ...$$
$$c^{(3)}(p_1) = 1;\ \ c^{(3)}(p_2) = 0;\ \ c^{(3)}(p_1 \wedge p_2) = 0;\ ...$$
$$c^{(4)}(p_1) = 1;\ \ c^{(4)}(p_2) = 1;\ \ c^{(4)}(p_1 \wedge p_2) = 1;\ ...$$
$$...$$

L ist eine Logik der Aussagen p_i. Und L beschreibt gerade die klassische Logik für die Aussagen p_i.

Wir interessieren uns für die Frage, welche Teil-Bewertungen ausreichend sind, um eine kumulative Logik daraus zu berechnen. Die Frage teilt sich in 4 Teil-Fragen:

1. Welche Bedingungen muss eine gegebene Bewertung erfüllen, damit sie eine kumulative Bewertung sein kann?

2. Welche Teil-Bewertung einer vollständigen kumulativen Bewertung von Aussagen ist erforderlich, um die vollständige kumulative Bewertung der Aussagen daraus zu berechnen?

3. Welche kumulativen Bewertungen sind bereits aus der Bewertung atomarer Aussagen berechenbar?

4. In welcher Weise lässt sich eine kumulative Logik aus ausreichenden Bewertungen berechnen?

Die folgenden Abschnitte behandeln diese Fragen.

6.1 Kumulativ verträgliche Bewertungen

Die Kumulations-Logik lässt für eine gegebene Aussage verschiedene kumulative Bewertungen zu (je nach elementaren Bewertungen, die den kumulativen Bewertungen zugrunde liegen).

Zum Beispiel können kumulative Bewertungen klassisch-logische Werte annehmen (etwa, wenn den kumulativen Bewertungen lediglich einzelne elementare Bewertungen zugrunde liegen).

Allerdings lässt die Kumulations-Logik keine beliebigen mehrwertigen Bewertungen zu.

Zum Beispiel ist es nicht zulässig, Disjunktionen und Konjunktionen zweier gegebener Aussagen p und q so zu bewerten, dass $c(p \lor q) \neq c(p) + c(q) - c(p \land q)$ ist.

Wir definieren:

Definition:

Bewertungen von Aussagen sind kumulativ verträglich, wenn elementare Bewertungen existieren, sodass die gegebenen Bewertungen identisch sind mit den kumulativen Bewertungen zu den elementaren Bewertungen.

Die Relation der kumulativen Verträglichkeit ist nicht transitiv:

Zum Beispiel sind die Bewertungen $c(p) = c(q) = \frac{1}{2}$ und $c(p \land q) = \frac{1}{2}$ kumulativ verträglich,

und die Bewertungen $c'(p) = c'(q) = \frac{1}{2}$ und $c'(p \land q) = 0$ sind ebenfalls kumulativ verträglich,

da entsprechend Tabelle 6.1 elementare Bewertungen existieren, die zu kumulativen Bewertungen mit diesen Werten führen.

Die Bewertungen $c(p \land q) = \frac{1}{2}$ und $c'(p \land q) = 0$ sind aber nicht kumulativ verträglich, denn es

existieren keine elementaren Bewertungen, die zu der kumulativen Bewertung $c(p \land q) = \frac{1}{2}$ und

zu der kumulativen Bewertung $c'(p \land q) = 0$ führen.

Tabelle 6.1: Nicht-Transitivität kumulativer Verträglichkeit.

	p	q	$p \land q$		p	q	$p \land q$
$v^{(1)}$	1	1	1	$v'^{(1)}$	1	0	0
$v^{(2)}$	0	0	0	$v'^{(2)}$	0	1	0
c	$\frac{1}{2}$	$\frac{1}{2}$	$\frac{1}{2}$	c'	$\frac{1}{2}$	$\frac{1}{2}$	0

Ein Beispiel für kumulativ verträgliche Bewertungen sind die Bewertungen der klassischen Logik.

Die Bewertungen der Fuzzy-Logik hingegen sind nicht kumulativ verträglich. In der Fuzzy-Logik ist nämlich:

$$c_{\text{fuzzy}}(p \wedge \neg\, p) = \min(c_{\text{fuzzy}}(p),\ c_{\text{fuzzy}}(\neg\, p))$$
$$= \min(c_{\text{fuzzy}}(p),\ 1 - c_{\text{fuzzy}}(p))$$
$$> 0$$

für alle $c_{\text{fuzzy}}(p) \in (0,\ 1)$ (vgl. Bild 6.2).

Kumulative Verträglichkeit erfordert aber die für jede kumulative Logik geltende Bewertung:

$$c_{\text{fuzzy}}(p \wedge \neg\, p) = c_{\text{fuzzy}}(0) = 0$$

Dies ist ein Widerspruch. Also ist die Fuzzy-Logik nicht kumulativ verträglich.

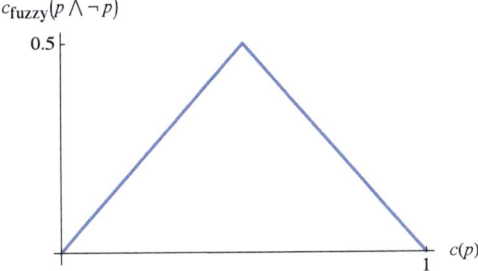

Bild 6.2: Fuzzy-logische Bewertung der Konjunktion p ∧ ¬ p.

Zweistellige Konjunktions-Bewertungen unabhängiger atomarer Aussagen sind gerade dann mit den Bewertungen der atomaren Aussagen kumulativ verträglich, wenn die Konjunktions-Abschätzungen von Satz 4.2 erfüllt sind:

Satz 6.1:

Eine Bewertung $c(p \wedge q)$ der zweistelligen Konjunktion $p \wedge q$ zweier atomarer Aussagen p und q ist mit den Bewertungen $c(p)$ und $c(q)$ der atomaren Aussagen genau dann kumulativ verträglich, wenn:

$$\text{für } q = p : c(p \wedge q) = c(p)$$

$$\text{für } q = \neg\, p : c(p \wedge q) = 0$$

$$\text{sonst}: max(0, c(p) + c(q) - 1) \le c(p \wedge q) \le min(c(p), c(q))$$

Beweis:

1. Wir zeigen zunächst die Richtigkeit der Äquivalenz von links nach rechts.

Seien $c(p \wedge q)$, $c(p)$ und $c(q)$ kumulativ verträglich.

Dann gilt:

$$\text{für } q = p : c(p \wedge q) = c(p \wedge p) = c(p)$$

$$\text{für } q = \neg\, p: \; c(p \wedge q) = c(p \wedge \neg\, p) = c(0) = 0$$

$$\text{sonst}: \; \max(0,\, c(p) + c(q) - 1) \le c(p \wedge q) \le \min(c(p),\, c(q))$$

□

2. Nun zeigen wir die Richtigkeit der Äquivalenz von rechts nach links.

a) Sei $q = p$ und $c(p \wedge q) = c(p)$.

Dann gibt es elementare Bewerter $v'^{(j)}$, sodass die zugehörige kumulative Bewertung $c'(p)$ von p gleich $c(p)$ ist.

Wegen $p \wedge q = p \wedge p = p$, ist die zugehörige kumulative Bewertung von $p \wedge q$:

$$c'(p \wedge q) = c'(p) = c(p) = c(p \wedge q)$$

Damit existieren elementare Bewerter $v'^{(j)}$, sodass die zugehörigen kumulativen Bewertungen von p, q und $p \wedge q$ gleich $c(p), c(q)$ und $c(p \wedge q)$ sind.

□

b) Sei $q = \neg\, p$ und $c(p \wedge q) = 0$.

Dann gibt es elementare Bewerter $v'^{(j)}$, sodass die zugehörige kumulative Bewertung $c'(p)$ von p gleich $c(p)$ ist.

Wegen $p \wedge q = p \wedge \neg\, p = 0$ ist die zugehörige kumulative Bewertung von $p \wedge q$:

$$c'(p \wedge q) = c'(0) = 0 = c(p \wedge q)$$

Damit existieren elementare Bewerter $v'^{(j)}$, sodass die zugehörigen kumulativen Bewertungen von p, q und $p \wedge q$ gleich $c(p), c(q)$ und $c(p \wedge q)$ sind.

□

c) Sei $q \ne p$ und $q \ne \neg\, p$ und $\max(0,\, c(p) + c(q) - 1) \le c(p \wedge q) \le \min(c(p),\, c(q))$.

Wir definieren ein Kontinuum elementarer Bewerter $v'^{(x)}$ mit $x \in [0, 1]$ durch:

$$v'^{(x)}(p) := \begin{cases} 1 & x \le c(p) \\ 0 & \text{sonst} \end{cases}$$

$$v'^{(x)}(q) := \begin{cases} 1 & c(p) - c(p \wedge q) < x \le c(p) + c(q) - c(p \wedge q) \\ 0 & \text{sonst} \end{cases}$$

Die Bewerter-Dichte bzgl. x sei konstant 1. Dann folgt für die zugehörigen kumulativen Bewertungen:

$$c'(p) = \int_0^1 1 \cdot v'^{(x)}(p)\, dx = \int_0^{c(p)} 1\, dx = c(p)$$

$$c'(q) = \int_0^1 1 \cdot v'^{(x)}(q)\, dx = \int_{c(p)-c(p \wedge q)}^{c(p)-c(p \wedge q)+c(q)} 1\, dx = c(q)$$

und:

$$c'(p \wedge q) = \int_0^1 1 \cdot v'^{(x)}(p \wedge q)\, dx = \int_{c(p)-c(p \wedge q)}^{c(p)} 1\, dx = c(p \wedge q)$$

Damit gibt es elementare Bewerter $v'^{(x)}$, sodass die zugehörigen kumulativen

Bewertungen von p, q und $p \wedge q$ identisch sind mit den gegebenen Bewertungen $c(p)$, $c(q)$ und $c(p \wedge q)$.

□

Der Satz lässt sich auf beliebige Ausdrücke zweier atomarer Aussagen verallgemeinern:

Satz 6.2:

Sei p ein beliebiger Ausdruck zweier atomarer Aussagen p_1 und p_2, und seien $c(p)$, $c(p_1)$ und $c(p_2)$ Bewertungen des Ausdrucks p und der atomaren Aussagen p_1 und p_2. Die Bewertung $c(p)$ des Ausdrucks p ist mit den Bewertungen $c(p_1)$ und $c(p_2)$ der atomaren Aussagen p_1 und p_2 genau dann kumulativ verträglich, wenn:

$$\text{für } p = 1 : c(p) = 1$$

$$\text{für } p = 0 : c(p) = 0$$

$$\text{für } p = p_1 : c(p) = c(p_1)$$

$$\text{für } p = \neg p_1 : c(p) = 1 - c(p_1)$$

$$\text{für } p = p_2 : c(p) = c(p_2)$$

$$\text{für } p = \neg p_2 : c(p) = 1 - c(p_2)$$

$$\text{sonst} : max(0, c(p_1) + c(p_2) - 1) \leq c(k) \leq min(c(p_1), c(p_2))$$

mit:

$$c(k) := \text{nach Tabelle 4.3 aus } c(p), \ c(p_1), \ c(p_2) \text{ berechnete Bewertung}$$
$$\text{der Konjuntion } k = p_1 \wedge p_2$$

Beweis:

1. Sei $p = 1$ oder $p = 0$ oder $p = p_1$ oder $p = \neg p_1$ oder $p = p_2$ oder $p = \neg p_2$.

a) Seien $c(p)$, $c(p_1)$ und $c(p_2)$ kumulativ verträglich. Dann gibt es elementare Bewerter mit den zugehörigen kumulativen Bewertungen $c(p)$, $c(p_1)$ und $c(p_2)$, und es ist:

$$\text{für } p = 1 : c(p) = c(1) = 1$$

$$\text{für } p = 0 : c(p) = c(0) = 0$$

$$\text{für } p = p_1 : c(p) = c(p_1)$$

$$\text{für } p = \neg p_1 : c(p) = c(\neg p_1) = 1 - c(p_1)$$

$$\text{für } p = p_2 : c(p) = c(p_2)$$

$$\text{für } p = \neg p_2 : c(p) = c(\neg p_2) = 1 - c(p_2)$$

□

b) Es gelte:

$$\text{für } p = 1 : c(p) = 1$$

$$\text{für } p = 0 : c(p) = 0$$

$$\text{für } p = p_1 : c(p) = c(p_1)$$

$$\text{für } p = \neg\, p_1 : c(p) = 1 - c(p_1)$$

$$\text{für } p = p_2 : c(p) = c(p_2)$$

$$\text{für } p = \neg\, p_2 : c(p) = 1 - c(p_2)$$

Wir definieren ein Kontinuum elementarer Bewerter mit $x \in [0, 1]$ durch:

$$v'^{(x)}(p_1) := \begin{cases} 1 & x \le c(p_1) \\ 0 & \text{sonst} \end{cases}$$

$$v'^{(x)}(p_2) := \begin{cases} 1 & x \le c(p_2) \\ 0 & \text{sonst} \end{cases}$$

Die Bewerter-Dichte bzgl. x sei konstant 1. Dann folgt für die zugehörigen kumulativen Bewertungen:

$$c'(p_1) = \int_0^1 1 \cdot v'^{(x)}(p_1)\, dx = \int_0^{c(p_1)} 1 \, dx = c(p_1)$$

$$c'(p_2) = \int_0^1 1 \cdot v'^{(x)}(p_2)\, dx = \int_0^{c(p_2)} 1 \, dx = c(p_2)$$

und:

$$\text{für } p = 1 : c'(p) = c'(1) = 1 = c(p)$$

$$\text{für } p = 0 : c'(p) = c'(0) = 0 = c(p)$$

$$\text{für } p = p_1 : c'(p) = c'(p_1) = c(p_1) = c(p)$$

$$\text{für } p = \neg\, p_1 : c'(p) = c'(\neg\, p_1) = 1 - c'(p_1) = 1 - c(p_1) = c(\neg\, p_1) = c(p)$$

$$\text{für } p = p_2 : c'(p) = c'(p_2) = c(p_2) = c(p)$$

$$\text{für } p = \neg\, p_2 : c'(p) = c'(\neg\, p_2) = 1 - c'(p_2) = 1 - c(p_2) = c(\neg\, p_2) = c(p)$$

Also gibt es elementare Bewerter $v'^{(x)}$, sodass die zugehörigen kumulativen Bewertungen $c'(p), c'(p_1)$ und $c'(p_2)$ von p, p_1 und p_2 identisch sind mit den Bewertungen $c(p), c(p_1)$ und $c(p_2)$. Also sind die Bewertungen $c(p), c(p_1)$ und $c(p_2)$ kumulativ verträglich.

□

2. Sei nicht ($p = 1$ oder $p = 0$ oder $p = p_1$ oder $p = \neg\, p_1$ oder $p = p_2$ oder $p = \neg\, p_2$).

a) Seien $c(p), c(p_1)$ und $c(p_2)$ kumulativ verträglich. Dann gibt es elementare Bewerter, sodass die zugehörigen kumulativen Bewertungen von p, p_1 und p_2 identisch sind mit den Bewertungen $c(p), c(p_1)$ und $c(p_2)$.

Die elementaren Bewerter bewerten ebenfalls die Konjunktion $k = p_1 \wedge p_2$, und die zugehörige kumulative Bewertung $c(k)$ der Konjunktion hängt mit der kumulativen Bewertung von p entsprechend Tabelle 4.3 zusammen und lässt sich daher aus $c(p), c(p_1)$ und $c(p_2)$ berechnen. Nach Satz 4.2 gilt für $c(k)$ die Abschätzung:

$$\max(0, c(p_1) + c(p_2) - 1) \leq c(k) \leq \min(c(p_1), c(p_2))$$

□

b) Sei $k := p_1 \wedge p_2$ und $c(k)$ die nach Tabelle 4.3 aus $c(p)$, $c(p_1)$ und $c(p_2)$ berechnete Bewertung von k. Es gelte:

$$\max(0, c(p_1) + c(p_2) - 1) \leq c(k) \leq \min(c(p_1), c(p_2))$$

Nach Satz 6.1 ist $c(k)$ kumulativ verträglich mit $c(p_1)$ und $c(p_2)$. Das heißt, es gibt elementare Bewerter, sodass die zugehörigen kumulativen Bewertungen von k, p_1 und p_2 identisch sind mit $c(k)$, $c(p_1)$ und $c(p_2)$.

Die elementaren Bewerter bewerten ebenfalls den Ausdruck p, und die zugehörige kumulative Bewertung berechnet sich aus $c(k)$, $c(p_1)$ und $c(p_2)$ entsprechend Tabelle 4.3. Damit gibt es elementare Bewerter von p, p_1 und p_2, und die zugehörigen kumulativen Bewertungen sind identisch mit $c(p)$, $c(p_1)$ und $c(p_2)$. Also ist $c(p)$ kumulativ verträglich mit $c(p_1)$ und $c(p_2)$.

□

6.2 Erzeugende Bewertungen

Die kumulativen Bewertungen zweistelliger logischer Ausdrücke lassen sich aus den kumulativen Bewertungen der atomaren Operanden und der Konjunktion der atomaren Operanden vollständig bestimmen.

Durch die entsprechenden Berechnungsformeln wird also die Bewertung aller ein- und zweistelligen logischen Ausdrücke aus den atomaren Bewertungen und der Konjunktions-Bewertung erzeugt.

Wir definieren:

Definition:

Sei $P = \{p_i\}$ eine Menge logischer Ausdrücke. Sei $Q = \{q_i\} \subseteq P$ eine Teilmenge dieser logischen Ausdrücke.
Dann heißt die kumulative Bewertung von Q kumulativ erzeugend für die kumulative Bewertung von P, wenn die kumulativen Bewertungen aller Ausdrücke in P durch die kumulativen Bewertungen der Ausdrücke in Q bestimmt sind.

Aus Satz 4.11 folgt:

Satz 6.3:

Die Bewertung der sich gegenseitig ausschließenden n-stelligen Konjunktionen von n Aussagen oder ihren Negationen erzeugt die Bewertung aller logischen Ausdrücke der Aussagen kumulativ.

Und aus Satz 4.13 folgt:

Satz 6.4:

Die Bewertung der bis zu n-stelligen direkten Konjunktionen von n Aussagen erzeugt die Bewertung aller nicht strikt wahren logischen Ausdrücke kumulativ.

Satz 4.11 und 4.13 zeigen außerdem, dass in ihrem speziellen Fall die Berechnung der Bewertungen beliebiger logischer Ausdrücke von n Aussagen die Bewertung von mindestens einem n-stelligen logischen Ausdruck erfordert. Dies gilt allgemein:

Satz 6.5:

Die Bewertung beliebiger logischer Ausdrücke von n > 1 Aussagen kann nicht allein aus den Bewertungen logischer Ausdrücke von weniger als n der Aussagen kumulativ erzeugt werden.

Beweis:

Wir nehmen an, dass die Bewertungen logischer Ausdrücke q_i von weniger als n der Aussagen zur Berechnung der Bewertungen beliebiger Ausdrücke p_i der n Aussagen genügen.

Nach Satz 4.13 lassen sich die Bewertungen der erzeugenden Ausdrücke q_i von weniger als n der Aussagen aus den Bewertungen aller 1 bis $n-1$-stelligen direkten Konjunktionen k_i berechnen. Daher gilt:

$$\{c(k_i)\} \text{ ist kumulativ erzeugend für } \{c(q_i)\}$$

Andererseits ist nach Voraussetzung des Satzes $\{c(q_i)\}$ kumulativ erzeugend für $\{c(p_i)\}$. Damit folgt:

$$\{c(k_i)\} \text{ ist kumulativ erzeugend für } \{c(p_i)\}$$

Die Anzahl aller 1 bis $n-1$-stelligen direkten Konjunktionen k_i ist nach Satz 4.13:

$$N = 2^{n-1} - 1$$

Nach Satz 4.13, Punkt 3 sind aber mindestens $2^n - 1 > 2^{n-1} - 1$ direkte Konjunktionen erforderlich, um die Bewertungen beliebiger n-stelliger Ausdrücke aus den Bewertungen direkter Konjunktionen zu berechnen. Dies ist ein Widerspruch. Daher ist die Annahme falsch, und die Bewertungen logischer Ausdrücke q_i von weniger als n Aussagen genügen nicht zur Berechnung der Bewertungen beliebiger Ausdrücke p_i der n Aussagen.

□

Aus dem Satz folgt z.B., dass die Bewertung der zweistelligen Konjunktion nicht aus den Bewertungen ihrer Operanden allein berechnet werden kann.

Erzeugende Bewertungen vermitteln kumulative Verträglichkeit:

Satz 6.6:

Wenn die Bewertungen zweier Aussagen p und q mit derselben erzeugenden Bewertung kumulativ verträglich sind, so sind die Bewertungen der Aussagen p und q ebenfalls kumulativ verträglich.

Beweis: (für den Spezialfall endlicher Bewertungs-Gemeinschaften)

Seien die Bewertungen $c(p)$ und $c(q)$ beide mit der erzeugenden Bewertung $c'(p_i)$

logischer Ausdrücke p_i kumulativ verträglich.

a) Da $c'(p_i)$ kumulativ erzeugend ist, lassen sich Bewertungen von p und q durch den Bewerter c' aus den Bewertungen $c'(p_i)$ berechnen. Wir zeigen, dass die berechneten Bewertungen $c'(p)$ und $c'(q)$ mit den Bewertungen $c(p)$ und $c(q)$ identisch sind:

Da $c(p)$ mit der erzeugenden Bewertung $c'(p_i)$ kumulativ verträglich ist, gibt es elementare Bewerter $v^{*(j)}$, sodass für die zugehörigen kumulativen Bewertungen gilt:

$$c^*(p) = c(p), \ c^*(p_i) = c'(p_i)$$

Da die kumulativ erzeugenden Bewertungen $c^*(p_i)$ und $c'(p_i)$ identisch sind, folgt, dass auch die erzeugten Bewertungen identisch sind. Also:

$$c'(p) = c^*(p)$$

Und damit:

$$c'(p) = c(p)$$

Ebenso folgt:

$$c'(q) = c(q)$$

b) Seien $v^{(j)'}$ elementare Bewerter zu der kumulativen Bewertung $c'(p_i)$. Die aus den erzeugenden Bewertungen $c'(p_i)$ berechenbaren Bewertungen $c'(p)$ und $c'(q)$ sind die kumulativen Bewertungen von p und q zu den elementaren Bewertern $v^{(j)'}$:

$$c'(p) = \frac{1}{M} \sum_{j=1}^{M} v^{(j)'}(p), \ c'(q) = \frac{1}{M} \sum_{j=1}^{M} v^{(j)'}(q)$$

Damit existieren elementare Bewertungen $v^{(j)'}(p)$ und $v^{(j)'}(q)$ von p und q, und die zugehörigen kumulativen Bewertungen $c'(p)$ und $c'(q)$ sind wegen Schritt a) identisch mit den gegebenen Bewertungen $c(p)$ und $c(q)$. Also sind $c(p)$ und $c(q)$ kumulativ verträglich.

$\square$

Kumulative Verträglichkeit ist außerdem gegeben durch:

Satz 6.7:

Kumulative Bewertungen, die von einer kumulativ verträglichen Bewertung kumulativ erzeugt werden, sind mit der erzeugenden Bewertung kumulativ verträglich.

Beweis: (für den Spezialfall endlicher Bewertungs-Gemeinschaften)

Sei $c(p_i)$ eine kumulativ verträgliche Bewertung von Aussagen p_i und $c(p)$ die durch die Bewertung $c(p_i)$ erzeugte Bewertung einer Aussage p.

Da die Bewertung $c(p_i)$ kumulativ verträglich ist, existieren elementare Bewertungen $v^{(j)}$, sodass:

$$c(p_i) = \frac{1}{M} \sum_{j=1}^{M} v^{(j)}(p_i)$$

Die aus der erzeugenden Bewertung $c(p_i)$ berechnete Bewertung $c(p)$ ist die kumulative Bewertung von p zu den elementaren Bewertungen:

$$v^{(j)}(p) = klassisch\ logische\ Bewertung\ des\ Ausdrucks\ p$$
$$für\ gegebene\ Bewertungen\ v^{(j)}(p_i)\ der\ Aussagen\ p_i$$

Damit existieren elementare Bewertungen $v^{(j)}(p)$ und $v^{(j)}(p_i)$, und die zugehörigen kumulativen Bewertungen sind identisch mit den gegebenen Bewertungen $c(p)$ und $c(p_i)$. Also sind $c(p)$ und $c(p_i)$ kumulativ verträglich.

□

6.3 Bewertungs-bestimmte Junktionen

Klassische und Fuzzy-logische Bewertungen logischer Ausdrücke lassen sich bereits aus den Bewertungen der atomaren Aussagen der logischen Ausdrücke berechnen.

Wir definieren:

Definition:

1. Eine Junktion ∘ heißt Bewertungs-bestimmt unter einer Bewertung c, wenn es eine Zuordnung $f_∘$ gibt, sodass für alle logischen Ausdrücke p und q gilt:

$$c(p∘q) = f_∘(c(p), c(q))$$

$f_∘$ heißt Bewertungs-Funktion der Junktion ∘.

2. Die Bewertung $c(p_i)$ einer Menge logischer Ausdrücke p_i heißt Bewertungs-bestimmt, wenn es zu jedem der logischen Ausdrücke p_i der atomaren Aussagen $a^{(i)}_j$ eine Zuordnung f_i gibt, sodass:

$$c(p_i) = f_i\big(c\big(a^{(i)}_1\big), c\big(a^{(i)}_2\big), \ ...\big)$$

Junktionen sind unter kumulativen Bewertungen meist nicht Bewertungs-bestimmt:

Satz 6.8:

Sei ∘ eine Junktion und c ein kumulativer Bewerter der Junktion.

Wenn es eine Aussage p gibt, die durch den Bewerter c mit dem Wert $c(p) = \frac{1}{2}$ bewertet wird, dann ist die Junktion ∘ unter c nicht Bewertungs-bestimmt.

Beweis:

Wir nehmen an, dass ∘ unter c Bewertungs-bestimmt ist. Dann gibt es eine Zuordnung $f_∘$, sodass:

$$c(p∘q) = f_∘(c(p), c(q))$$

Entsprechend Tabelle 4.3 lässt sich die kumulative Bewertung $c(p \wedge q)$ der Konjunktion $p \wedge q$ aus $c(p∘q)$ berechnen. Ersetzt man in der entsprechenden Berechnungsformel $c(p∘q)$ durch $f_∘(c(p), c(q))$, so liefert die Formel eine Funktion $f_\wedge$, sodass:

$$c(p \wedge q) = f_\wedge(c(p), c(q))$$

Sei nun p eine Aussage mit $c(p) = \frac{1}{2}$. Dann folgt:

$$
\begin{aligned}
\frac{1}{2} &= c(p) \\
&= c(p \wedge p) \\
&= f_\wedge(c(p), c(p)) \\
&= f_\wedge\left(\frac{1}{2}, \frac{1}{2}\right) \\
&= f_\wedge(c(p), c(\neg p)) \\
&= c(p \wedge \neg p) \\
&= c(0) \\
&= 0
\end{aligned}
$$

Dies ist ein Widerspruch. Also ist die Annahme falsch, und die kumulative Bewertung der Junktion $\circ$ ist nicht Bewertungs-bestimmt.

□

Außerdem gilt:

Satz 6.9:

Sei c ein kumulativer Bewerter der Konjunktion $\wedge$.

Wenn es eine Aussage p gibt mit $0 < c(p) < 1$ und wenn $c(p \wedge q)$ monoton steigend in $c(q)$ ist, dann ist die Konjunktion nicht Bewertungs-bestimmt.

Anmerkung:

Die steigende Monotonie von $c(p \wedge q)$ in $c(q)$ bedeutet, dass der Wert der Konjunktion nicht abnimmt, wenn die Bewertung des Arguments q zunimmt. Das heißt, die Konjunktion wird nicht unwahrer, wenn einer ihrer Operanden wahrer wird. Dies ist eine intuitiv plausible Annahme, da der Wahrheitswert der Konjunktion klassisch logisch nicht abnimmt, wenn der Wahrheitswert ihrer Operanden zunimmt.

Für kumulative Bewertungen ist allerdings nicht ausgeschlossen, dass $c(p \wedge q)$ nicht monoton steigend in $c(q)$ ist. Die folgenden Tabellen zeigen ein Beispiel für eine kumulative Bewertung, für die $c(p \wedge q)$ nicht monoton steigend in $c(q)$ ist.

	p	q	$p \wedge q$
$v(1)$	1	1	1
$v(2)$	0	0	0
$v(3)$	0	0	0
$v(4)$	0	0	0
c	$\frac{1}{4}$	$\frac{1}{4}$	$\frac{1}{4}$

	p	q'	$p \wedge q'$
$v(1)$	1	0	0
$v(2)$	0	0	0
$v(3)$	0	1	0
$v(4)$	0	1	0
c	$\frac{1}{4}$	$\frac{1}{2}$	0

Beweis:

Wir nehmen an, dass die kumulative Bewertung der zweistelligen Konjunktion Bewertungs-bestimmt ist. Das heißt, dass es eine Zuordnung $f_\wedge$ von den Bewertungen der Operanden zur Bewertung der Konjunktion gibt:

$$c(p \wedge q) = f_\wedge(c(p), c(q))$$

Sei nun p' eine Aussage mit $0 < c(p') < 1$. Wir wählen:

$$p := \begin{cases} p' & \text{wenn } c(p') \le \frac{1}{2} \\ \neg p' & \text{wenn } c(p') > \frac{1}{2} \end{cases}$$

Dann ist:

$$0 < c(p) \le \frac{1}{2}$$

Daher:

$$1 - c(p) \ge c(p)$$

Damit folgt mit der vorausgesetzten Monotonie:

$$\begin{aligned} 0 &< c(p) \\ &= c(p \wedge p) \\ &= f_\wedge(c(p), c(p)) \\ &\le f_\wedge(c(p), 1 - c(p)) \\ &= f_\wedge(c(p), c(\neg p)) \\ &= c(p \wedge \neg p) \\ &= c(0) \\ &= 0 \end{aligned}$$

Dies ist ein Widerspruch. Also ist die Annahme falsch, und $c(p \wedge q)$ ist nicht Bewertungs-bestimmt.

$\square$

Aus beiden obigen Sätzen folgt, dass die Fuzzy-Logik keine kumulative Logik ist:

Satz 6.10:

Die Fuzzy-Logik ist keine kumulative Logik.

Beweis:

Wir nehmen an, dass die Fuzzy-Logik eine kumulative Logik ist.

Dann folgt aus Satz 6.8 (und auch aus Satz 6.9), dass die Bewertungen der Fuzzy-Logik nicht Bewertungs-bestimmt sind.

Tatsächlich sind Fuzzy-Bewertungen aber Bewertungs-bestimmt. Dies ist ein Widerspruch. Fuzzy-Bewertungen können daher keine kumulativen Bewertungen sein.

$\square$

6.4 Verkumulierung

Bewertungs-bestimmte Bewertungen sind i.A. kumulativ unverträglich. Ein Grund hierfür ist häufig, dass die Bewertung logischer Ausdrücke aus identischen atomaren Aussagen (wie z.B. $p \wedge \neg p$, vgl. Sätze 6.8 und 6.9) nicht kumulativ verträglich ist.

Solche Bewertungen lassen sich aber oft kumulativ korrigieren.

Wir definieren:

Definition:

> *1. Ein logischer Ausdruck heißt einfach-atomar, wenn er seine atomaren Aussagen jeweils genau einmal enthält.*
>
> *2. Sei $P = \{p_i\}$ eine Menge logischer Ausdrücke. Wir bezeichnen die Teilmenge der einfach-atomaren logischen Ausdrücke in P durch:*

$$P^{(1)} := \{p_i \in P : p_i \text{ ist einfach-atomar}\}$$

Und:

Definition:

> *1. Eine Bewertung $c(p_i)$ logischer Ausdrücke $p_i \in P$ heißt verkumulierbar, wenn es eine kumulative Bewertung $c'(p_i)$ der Ausdrücke $p_i \in P$ gibt, sodass für alle einfach-atomaren logischen Ausdrücke $p'_i \in P^{(1)}$ gilt:*

$$c(p'_i) = c'(p'_i)$$

> *Die kumulative Bewertung $c'(p_i)$ heißt Verkumulierung der Bewertung $c(p_i)$.*
>
> *2. Eine Logik L heißt verkumulierbar, wenn alle ihre vollständigen Bewertungen verkumulierbar sind.*
>
> *Die Logik der verkumulierten vollständigen Bewertungen von L heißt Verkumulierung der Logik L.*

Beispiel:

> Die klassische Logik ist verkumulierbar. Da ihre Bewertungen kumulativ verträglich sind, ist die Verkumulierung der klassischen Logik die klassische Logik selbst.

Interessantere Verkumulierungen ergeben sich aus:

Satz 6.11:

> *Eine Bewertung ist genau dann verkumulierbar, wenn sie für alle einfach-atomaren logischen Ausdrücke kumulativ verträglich ist.*

Beweis:

1. Sei $c(p_i)$ eine verkumulierbare Bewertung von logischen Ausdrücken $p_i \in P$.

Dann gibt es eine kumulative Bewertung $c'(p_i)$, sodass $c'\left(P^{(1)}\right) = c\left(P^{(1)}\right)$.

Seien $v'^{(j)}$ elementare Bewerter zu der kumulativen Bewertung $c'(p_i)$. Die zu den elementaren Bewertern gehörigen kumulativen Bewertungen $c'(p_i)$ sind für alle einfach-atomaren Ausdrücke $p_i \in P^*$ identisch mit den Bewertungen $c(p_i)$. Also ist $c(p_i)$ kumulativ verträglich für alle einfach-atomaren logischen Ausdrücke.

□

2. Sei $c(p_i)$ eine Bewertung von logischen Ausdrücken $p_i \in P$, die für alle einfach-atomaren logischen Ausdrücke $p'_i \in P^{(1)}$ kumulativ verträglich ist. Dann gibt es elementare Bewerter $v'^{(j)}$ mit zugehöriger kumulativer Bewertung c' auf $P^{(1)}$, sodass für alle $p'_i \in P^{(1)}$:

$$c'(p'_i) = c(p'_i)$$

Wir definieren die Erweiterung c^* von c' auf der Vervollständigung P^* von P durch:

Sei $p \in P^*$ ein beliebiger logischer Ausdruck der n atomaren Aussagen a_i. p lässt sich klassisch logisch als Disjunktion sich gegenseitig ausschließender n-stelliger Konjunktionen k_i der atomaren Aussagen a_i oder ihrer Negationen darstellen:

$$p = \bigvee_{i=1}^{N} k_i$$

Die Konjunktionen k_i sind einfach-atomare Aussagen. Wir setzen:

$$c^*(p) := \sum_{i=1}^{N} c'(k_i)$$

c^* ist eine kumulative Bewertung auf P^*, sodass für alle $p \in P^*$:

$$c^*(p) = c(p)$$

Also ist $c(p)$ verkumulierbar.

□

6.5 Verkumulierung der Fuzzy-Logik

Nach Satz 6.11 kann die Fuzzy-Logik verkumuliert werden, wenn ihre Bewertungen für einfach-atomare logische Ausdrücke kumulativ verträglich sind.

Tatsächlich gilt:

Satz 6.12:

Seien a_i atomare Aussagen und $k_n := \bigwedge_{i=1}^{n} a_i$, $n \in \mathbb{N}$ die n-stelligen direkten Konjunktionen der atomaren Aussagen. Dann sind die Bewertungen $c(a_i)$ und $c(k_n) := min_{i=1,...,n} c(a_i)$ kumulativ verträglich.

Beweis:

Wir zeigen, dass es elementare Bewerter gibt, sodass die zugehörigen kumulativen Bewertungen mit den gegebenen Bewertungen übereinstimmen.

Seien $v'^{(x)}$ mit $x \in [0, 1]$ unendlich viele elementare Bewerter definiert durch:

$$v'^{(x)}(a_i) := \begin{cases} 1 & \text{wenn } x \le c(a_i) \\ 0 & \text{wenn } x > c(a_i) \end{cases}$$

Dann ist:

$$v'^{(x)}(k_n) = \begin{cases} 1 & \text{wenn } x \le c(a_1) \wedge x \le c(a_2) \wedge \ldots \wedge x \le c(a_n) \\ 0 & \text{sonst} \end{cases}$$

$$= \begin{cases} 1 & \text{wenn } x \le \min_{i=1,\ldots,n} c(a_i) \\ 0 & \text{sonst} \end{cases}$$

Die Dichte der elementaren Bewerter über dem Parameter-Intervall $[0, 1]$ sei konstant 1. Die kumulativen Bewertungen zu den elementaren Bewertern errechnen sich durch Integration der mit der Dichte gewichteten elementaren Bewertungen über das Parameter-Intervall $[0, 1]$:

$$c'(a_i) = \int_0^1 v'^{(x)}(a_i) \cdot 1 \, dx$$
$$= \int_0^{c(a_i)} 1 \, dx$$
$$= c(a_i)$$

$$c'(k_n) = \int_0^1 v'^{(x)}(k_n) \cdot 1 \, dx$$
$$= \int_0^{\min(c(a_i))} 1 \, dx$$
$$= \min_{i=1,\ldots,n} c(a_i)$$

Damit sind $v'^{(x)}$ elementare Bewerter, sodass die zugehörigen kumulativen Bewertungen der atomaren Aussagen identisch sind mit $c(a_i)$ und die Bewertungen der direkten Konjunktionen k_n der atomaren Aussagen identisch sind mit $c(k_n)$. Also sind die Bewertungen $c(a_i)$ und $c(k_n)$ kumulativ verträglich.

$\square$

Wir betrachten nun die spezielle Fuzzy-Logik $L_{\text{fuzzy}*}$, für die die Bewertungen der anderen Junktionen als Negation, Konjunktion und Disjunktion durch Tabelle 4.3 gegeben sind.

Die Fuzzy-logischen Bewertungen aller anderen logischen Ausdrücke als Konjunktionen entsprechen dann den Beziehungen von Tabelle 4.3. Damit sind die Fuzzy-logischen Bewertungen aller einfach-atomaren logischen Ausdrücke kumulativ verträglich, und mit Satz 6.11 folgt:

Satz 6.13:

Die spezielle Fuzzy-Logik $L_{\text{fuzzy}*}$ ist verkumulierbar.

Satz 4.13 zeigt, wie die Fuzzy-Logik verkumuliert werden kann:

Sei p ein beliebiger logischer Ausdruck von n atomaren Aussagen a_i. Seien außerdem k_n die n-stelligen direkten Konjunktionen der atomaren Aussagen a_i. Wir setzen:

$$c(k_n) := \min_{i=1}^{n}(c(a_i))$$

und:

$$c(p) = \sum_{i=1}^{N} \alpha_i \cdot c(k_i)$$

mit α_i und N wie in Satz 4.13, Punkt 2 bestimmt.

7

Spezielle kumulative Logiken

7.1 Kumulative Logik maximaler Subjektivität

Seien p und q zwei Aussagen mit den kumulativen Bewertungen $c(p)$ und $c(q)$. Für gegebene Bewertungen $c(p)$ und $c(q)$ ist die Subjektivität der Bewertung von p durch q, $\text{sub}_{\{q\}}(p) = \frac{c(p \wedge q)}{c(q)} - c(p)$ genau dann maximal, wenn $c(p \wedge q)$ maximal ist. Nach Satz 4.2 ist der Maximalwert von $c(p \wedge q)$:

$$\max_{c(p), c(q)\,\text{fest}} c(p \wedge q) = \min(c(p),\, c(q))$$

Wir untersuchen im Folgenden die kumulative Bewertung, die durch Konjunktions-Bewertungen erzeugt wird, welche diese obere Grenze tatsächlich annehmen, wenn dies kumulativ verträglich ist. Das heißt, für die gilt:

$$c(p \wedge q) = \min(c(p),\, c(q)), \text{ wenn dies kumulativ verträglich ist.}$$

Bild 7.1 zeigt die Abhängigkeit der Konjunktions-Bewertung von den Bewertungen der Konjunktions-Operanden.

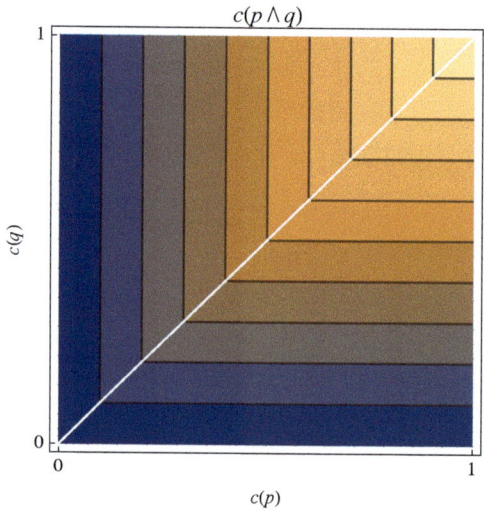

Bild 7.1: Kumulative Bewertung der maximalen Konjunktion.

Die Bewertung kann durch Schwellwert-Bewerter erzeugt werden. Bild 7.2 zeigt die Schwellwert-Verteilung eines entsprechenden Kontinuums elementarer Schwellwert-Bewerter.

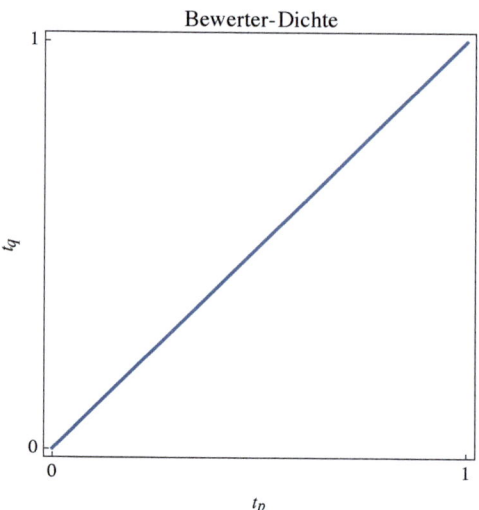

Bild 7.2: Schwellwert-Verteilung elementarer Schwellwert-Bewerter mit kumulativer Bewertung maximaler Konjunktion.

Die kumulative Abhängigkeit der Aussagen p und q wird:

$$\mathrm{dep}(p, q) = \min(c(p), c(q)) - c(p) \cdot c(q)$$

Bild 7.3 zeigt diese Abhängigkeit.

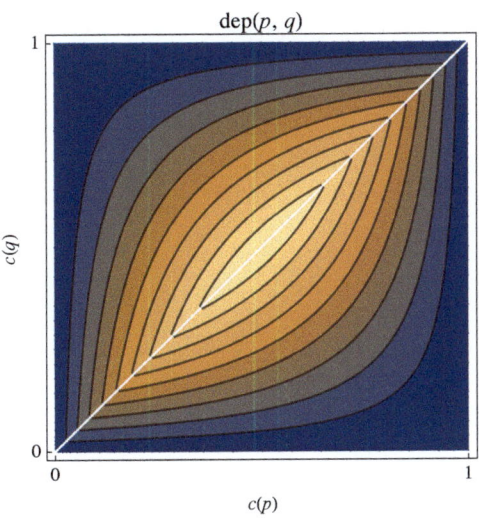

Bild 7.3: Kumulative Abhängigkeit bei maximaler Konjunktion.

Und die Subjektivität der Bewertung der Aussage p durch die Aussage q wird:

$$\mathrm{sub}_{\{q\}}(p) = \frac{\min(c(p), c(q))}{c(q)} - c(p)$$

Die Abhängigkeit ist in Bild 7.4 dargestellt.

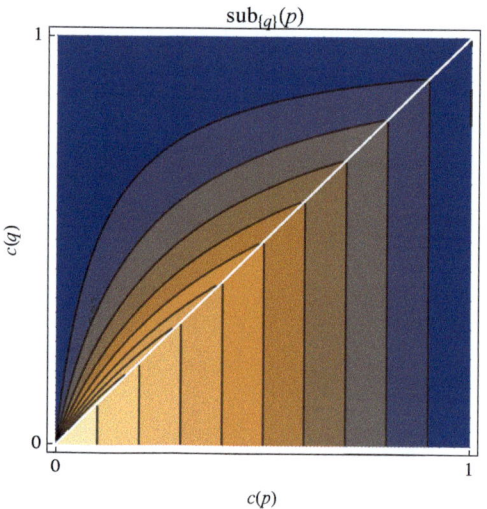

Bild 7.4: Subjektivität bei maximaler Konjunktion.

Wir bemerken, dass mit dieser Bewertung für alle Aussagen q, die schwächer oder gleich stark bewertet sind wie eine Aussage p, die Subjektivität der Bewertung von p durch q maximal ist: Für $c(q) \leq c(p)$ ist:

$$
\begin{aligned}
\text{sub}_{\{q\}}(p) &= \tfrac{c(p \wedge q)}{c(q)} - c(p) \\
&= \tfrac{\min(c(p), c(q))}{c(q)} - c(p) \\
&= 1 - c(p) \\
&= \max_{q'} \tfrac{\min(c(p), c(q'))}{c(q')} - c(p) \\
&= \max_{q'} \text{sub}_{\{q'\}}(p)
\end{aligned}
$$

Hieraus folgt, dass gleichbewertete Aussagen p und q sich gegenseitig maximal subjektiv bewerten:

$$
c(q) = c(p) \Rightarrow \text{sub}_{\{q\}}(p) \text{ maximal und sub}_{\{p\}}(q) \text{ maximal}
$$

Mit Korollar 5.3 folgt, dass p und q in diesem Fall identisch sind.

Damit gilt:

Satz 7.1:

   In der kumulativen Logik maximaler Subjektivität gilt:

$$
c(p) = c(q) \Leftrightarrow p = q
$$

Dies bedeutet, dass die Identität einer Aussage durch ihre Bewertung gegeben ist. Jede Aussage

p kann eineindeutig auf einen kumulativen Wert abgebildet werden:

$$p \leftrightarrow c(p)$$

Das heißt, alle Aussagen können durch eine reelle Zahl in $[0, 1]$ eindeutig repräsentiert werden.

Die durch diese kumulative Logik beschriebene Welt ist maximal eingeschränkt in dem Sinne, dass die Menge der Aussagen über die Welt durch die Menge möglicher Bewertungs-Werte begrenzt ist.

Die kumulative Logik maximaler Subjektivität bewertet einfach-atomare Konjunktionen wie die spezielle Fuzzy-Logik L_{fuzzy^*}. Daher ist die kumulative Logik maximaler Subjektivität gerade die Verkumulierung der speziellen Fuzzy-Logik L_{fuzzy^*}.

7.2 Kumulative Logik minimaler Subjektivität

Seien p und q zwei Aussagen mit den kumulativen Bewertungen $c(p)$ und $c(q)$. Für gegebene Bewertungen $c(p)$ und $c(q)$ ist die Subjektivität der Bewertung von p durch q, $\text{sub}_{\{q\}}(p) = \frac{c(p \wedge q)}{c(q)} - c(p)$, genau dann minimal, wenn $c(p \wedge q)$ minimal ist. Nach Satz 4.2 ist der Minimalwert von $c(p \wedge q)$:

$$\min_{c(p),c(q)\,\text{fest}} (c(p \wedge q) = \max(0,\, c(p) + c(q) - 1)$$

Wir untersuchen im Folgenden die kumulative Bewertung, die durch Konjunktionen erzeugt wird, welche diese untere Grenze tatsächlich annehmen, wenn dies kumulativ verträglich ist. Das heißt, für die gilt:

$$c(p \wedge q) = \max(0,\, c(p) + c(q) - 1), \text{ wenn dies kumulativ verträglich ist.}$$

Bild 7.5 zeigt die Abhängigkeit der Konjunktions-Bewertung von den Bewertungen der Konjunktions-Operanden.

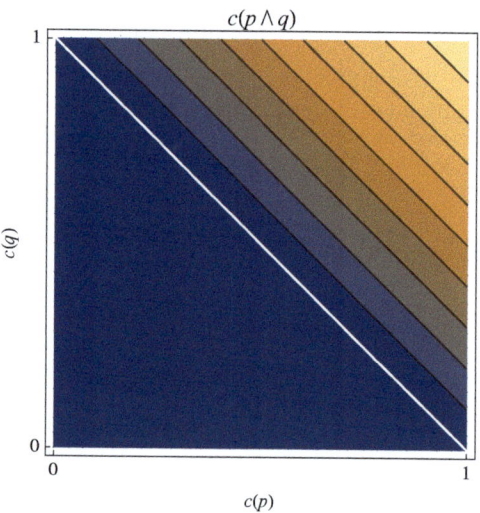

Bild 7.5: Kumulative Bewertung der minimalen Konjunktion.

Die Bewertung kann durch Schwellwert-Bewerter erzeugt werden. Bild 7.6 zeigt die Schwellwert-Verteilung eines entsprechenden Kontinuums elementarer Schwellwert-Bewerter.

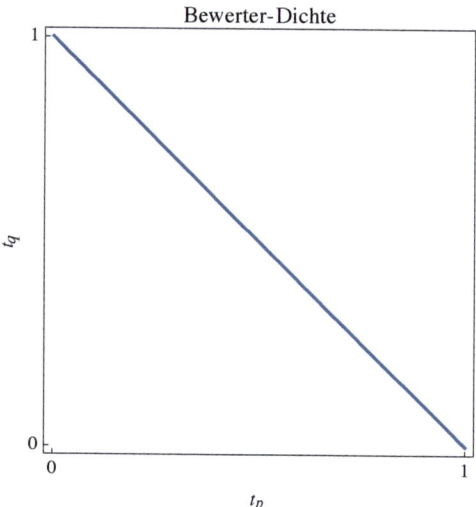

Bild 7.6: Schwellwert-Verteilung elementarer Schwellwert-Bewerter mit kumulativer Bewertung minimaler Konjunktion.

Die kumulative Abhängigkeit der Aussagen p und q wird:

$$\text{dep}(p, q) = \max(0, c(p) + c(q) - 1) - c(p) \cdot c(q)$$

Bild 7.7 zeigt diese Abhängigkeit.

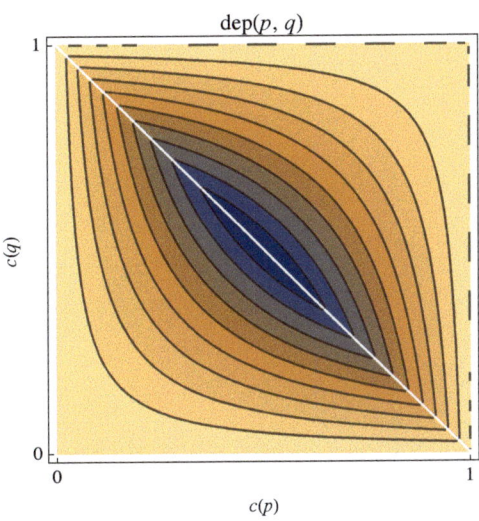

Bild 7.7: Kumulative Abhängigkeit bei minimaler Konjunktion.

Und die Subjektivität der Bewertung der Aussage p durch die Aussage q wird:

$$\text{sub}_{\{q\}}(p) = \max\left(0, \frac{c(p) + c(q) - 1}{c(q)} - c(p)\right)$$

Die Abhängigkeit ist in Bild 7.8 dargestellt.

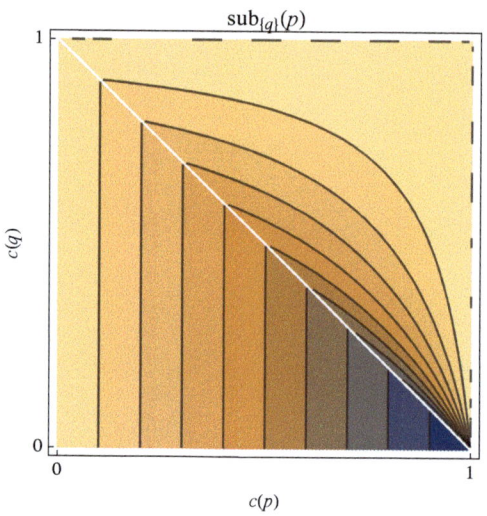

Bild 7.8: Subjektivität bei minimaler Konjunktion.

Im Folgenden betrachten wir den Spezialfall kumulativer Bewertungen $c(p)$ und $c(q)$ der atomaren Aussagen p und q, deren Summe den Wert 1 nicht überschreitet:

$$c(p) + c(q) \leq 1$$

In diesem Fall wird:

$$c(p \wedge q) = \max(0, c(p) + c(q) - 1) = 0$$

Wir erweitern den Spezialfall von zweistelligen Konjunktionen auf beliebige n-stellige Konjunktionen und verkumulieren die entsprechende Logik durch die folgenden Festlegungen:

1. Für verschiedene atomare Aussagen a_i, $i \in \{1, \ldots, n\}, n \in \mathbb{N}$:

$$c(\textstyle\bigwedge_{i=1}^{n} a_i) := 0$$

2. Für nicht strikt wahre logische Ausdrücke p aus den atomaren Aussagen a_i:

$$c(p) := \text{ aus den Konjunktions-Bewertungen } c(\textstyle\bigwedge_{i=1}^{n} a_i) \text{ erzeugte kumulative Bewertung}$$

3. Für den strikt wahren logischen Ausdruck 1:

$$c(1) := 1$$

Voraussetzung für die Verkumulierung ist, dass die kumulativen Bewertungen der direkten Konjunktionen der atomaren Aussagen $c(\bigwedge_{i=1}^{n} a_i) := 0$ mit den kumulativen Bewertungen $c(a_i)$ der atomaren Aussagen a_i kumulativ verträglich sind. Tatsächlich gilt:

Satz 7.2:

Seien a_i atomare Aussagen und $k_n := \bigwedge_{i=1}^{n} a_i$, $n \in \mathbb{N}$ die direkten n-stelligen Konjunktionen der atomaren Aussagen. Dann sind die Bewertungen $\sum_{i=1}^{n} c(a_i) \leq 1$ und $c(k_n) := 0$ kumulativ verträglich.

Beweis:

Wir zeigen, dass es elementare Bewerter gibt, sodass die zugehörigen kumulativen Bewertungen mit den gegebenen Bewertungen übereinstimmen.

Seien $v'^{(x)}$ mit $x \in [0, 1]$ unendlich viele elementare Bewerter definiert durch:

$$v'^{(x)}(a_i) := \begin{cases} 1 & \text{wenn } x \in [x_{i-1}, x_i) \\ 0 & \text{sonst} \end{cases}$$

mit:

$$x_i := \begin{cases} 0 & \text{wenn } i = 0 \\ \sum_{k=1}^{i} c(a_k) & \text{wenn } i > 0 \end{cases}$$

Dann ist:

$$v'^{(x)}(k_n) = 0$$

Die Dichte der elementaren Bewerter über dem Parameter-Intervall $[0, 1]$ sei konstant 1. Die kumulativen Bewertungen zu den elementaren Bewertern errechnen sich durch Integration der mit der Dichte gewichteten elementaren Bewertungen über das Parameter-Intervall $[0, 1]$:

$$\begin{aligned} c'(a_i) &= \int_0^1 v'^{(x)}(a_i) \cdot 1 \, dx \\ &= \int_{x_{i-1}}^{x_i} 1 \, dx \\ &= \int_{x_{i-1}}^{x_{i-1}+c(a_i)} 1 \, dx \\ &= c(a_i) \end{aligned}$$

$$\begin{aligned} c'(k_n) &= \int_0^1 v'^{(x)}(k_n) \cdot 1 \, dx \\ &= \int_0^1 0 \, dx \\ &= 0 \end{aligned}$$

Damit sind $v'^{(x)}$ elementare Bewerter, sodass die zugehörigen kumulativen Bewertungen der atomaren Aussagen identisch sind mit $c(a_i)$ und die Bewertungen der direkten Konjunktionen k_n der atomaren Aussagen identisch sind mit $c(k_n)$. Also sind die Bewertungen $c(a_i)$ und $c(k_n)$ kumulativ verträglich.

□

Nach Satz 4.13 erzeugen die Bewertungen $c(\bigwedge_{i=1}^{n} a_i) = 0$ die kumulativen Bewertungen für alle möglichen nicht strikt wahren logischen Ausdrücke der atomaren Aussagen a_i. Zusammen mit der Festlegung $c(1) = 1$ folgt, dass die hier definierte Verkumulierung vollständig ist.

7.3 Kumulative Logik verschwindender Subjektivität

Seien p und q zwei Aussagen mit den kumulativen Bewertungen $c(p)$ und $c(q)$. Für gegebene Bewertungen $c(p)$ und $c(q)$ verschwindet die Subjektivität der Bewertung von p durch q, $\mathrm{sub}_{\{q\}}(p) = \frac{c(p \wedge q)}{c(q)} - c(p)$, genau dann, wenn:

$$c(p \wedge q) = c(p) \cdot c(q)$$

das heißt genau dann, wenn p und q kumulativ unabhängig bewertet werden.

Wir untersuchen im Folgenden die kumulative Bewertung, die durch Konjunktions-Bewertungen erzeugt wird, welche dieser Unabhängigkeits-Bedingung genügen, wenn dies kumulativ verträglich ist.

Bild 7.9 zeigt die Abhängigkeit der Konjunktions-Bewertung von den Bewertungen der Konjunktions-Operanden.

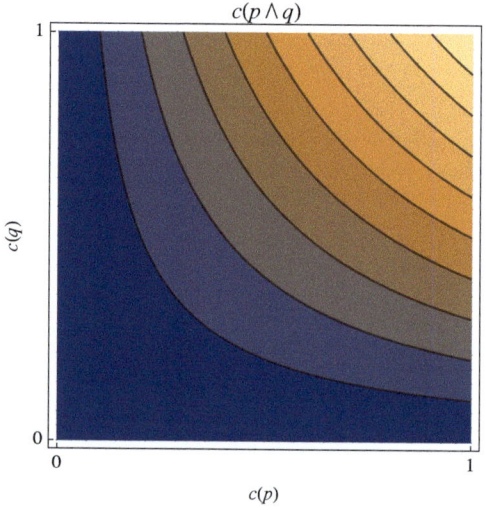

Bild 7.9: Kumulative Bewertung der Konjunktion bei kumulativer Unabhängigkeit.

Die Bewertung kann durch Schwellwert-Bewerter erzeugt werden. Bild 7.10 zeigt die Schwellwert-Verteilung eines entsprechenden Kontinuums elementarer Schwellwert-Bewerter.

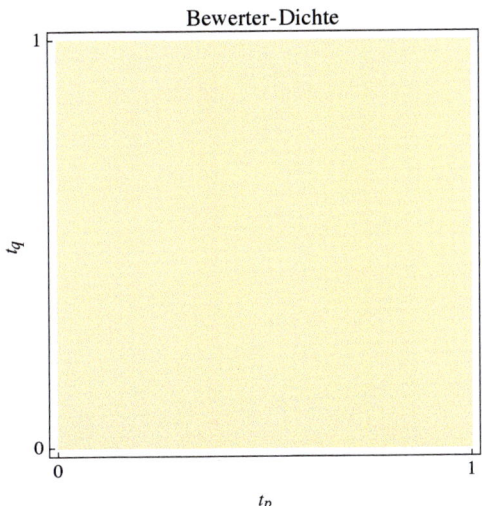

Bild 7.10: Schwellwert-Verteilung elementarer Schwellwert-Bewerter mit kumulativer Unabhängigkeit.

Die kumulative Abhängigkeit der Aussagen p und q wird:

$$\text{dep}(p, q) = c(p) \cdot c(q) - c(p) \cdot c(q) = 0$$

Bild 7.11 zeigt diesen Wert.

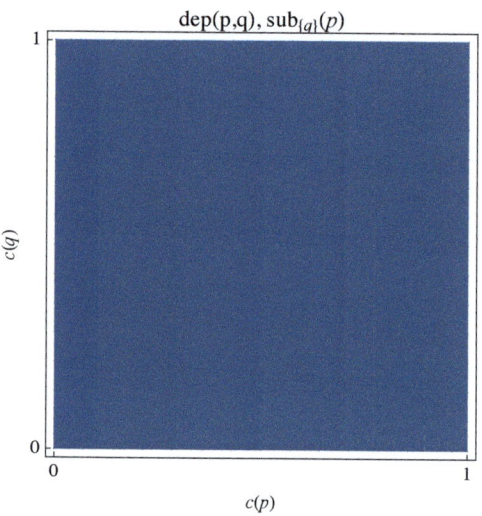

Bild 7.11: Kumulative Abhängigkeit und Subjektivität bei kumulativer Unabhängigkeit.

Und die Subjektivität der Bewertung der Aussage p durch die Aussage q wird ebenfalls:

$$\text{sub}_{\{q\}}(p) = \frac{\text{dep}(p, q)}{c(q)} = \frac{0}{c(q)} = 0$$

Wir erweitern die kumulative Bewertung der zweistelligen Konjunktion auf beliebige n-stellige Konjunktionen und verkumulieren die entsprechende Logik durch die folgenden Festlegungen:

1. Für verschiedene atomare Aussagen $a_i, i \in \{1, \ldots, n\}, n \in \mathbb{N}$:

$$c(\textstyle\bigwedge_{i=1}^n a_i) := \prod_{i=1}^{n} c(a_i)$$

2. Für nicht strikt wahre logische Ausdrücke p aus den atomaren Aussagen a_i:

$c(p) :=$ aus den Konjunktions-Bewertungen $c(\bigwedge_{i=1}^n a_i)$ erzeugte kumulative Bewertung

3. Für den strikt wahren logischen Ausdruck 1:

$$c(1) := 1$$

Voraussetzung für die Verkumulierung ist, dass die kumulativen Bewertungen der direkten Konjunktionen der atomaren Aussagen $c(\bigwedge_{i=1}^n a_i) := \prod_{i=1}^n c(a_i)$ kumulativ verträglich sind. Es gilt:

Satz 7.3:

Seien a_i atomare Aussagen und $k_n := \bigwedge_{i=1}^{n} a_i$, $n \in \mathbb{N}$ die direkten n-stelligen Konjunktionen der atomaren Aussagen. Dann sind die Bewertungen $c(a_i)$ und $c(k_n) := \prod_{i=1}^{n} c(a_i)$ kumulativ verträglich.

Beweis:

Wir zeigen, dass es elementare Bewerter gibt, sodass die zugehörigen kumulativen Bewertungen mit den gegebenen Bewertungen übereinstimmen.

Seien $v'^{(x_1,\dots,x_n)}$ mit $x_i \in [0, 1]$ unendlich viele elementare Schwellwert-Bewerter definiert durch:

$$v'^{(x_1,\dots,x_n)}(a_i) := \begin{cases} 1 & \text{wenn } x_i \leq c(a_i) \\ 0 & \text{wenn } x > c(a_i) \end{cases}$$

Dann ist:

$$v'^{(x_1,\dots,x_n)}(k_n) = \begin{cases} 1 & \text{wenn } x_1 \leq c(a_1) \wedge x_2 \leq c(a_2) \wedge \dots \wedge x_n \leq c(a_n) \\ 0 & \text{sonst} \end{cases}$$

Die Dichte der elementaren Bewerter über dem Parameter-Raum $[0, 1]^n$ sei konstant 1. Die kumulativen Bewertungen zu den elementaren Bewertern errechnen sich durch Integration der mit der Dichte gewichteten elementaren Bewertungen über den Parameter-Raum $[0, 1]^n$:

$$c'(a_i) = \int_0^1 \dots \int_0^1 v'^{(x_1,\dots,x_n)}(a_i) \cdot 1 \, dx_1 \dots dx_n$$
$$= \int_0^{c(a_i)} 1 \, dx_i$$
$$= c(a_i)$$

$$c'(k_n) = \int_0^1 \dots \int_0^1 v'^{(x_1,\dots,x_n)}(k_n) \cdot 1 \, dx_1 \dots dx_n$$
$$= \int_0^{c(a_n)} \dots \int_0^{c(a_1)} 1 \, dx_1 \dots dx_n$$
$$= \prod_{i=1}^{n} c(a_i)$$

Damit sind $v'^{(x_1,\dots,x_n)}$ elementare Bewerter, sodass die zugehörigen kumulativen Bewertungen der atomaren Aussagen identisch sind mit $c(a_i)$ und die Bewertungen der direkten Konjunktionen k_n der atomaren Aussagen identisch sind mit $c(k_n)$. Also sind die Bewertungen $c(a_i)$ und $c(k_n)$ kumulativ verträglich.

□

Nach Satz 4.13 erzeugen die Bewertungen $c(\bigwedge_{i=1}^{n} a_i) = \prod_{i=1}^{n} c(a_i)$ die kumulativen Bewertungen für alle möglichen nicht strikt wahren logischen Ausdrücke der atomaren Aussagen a_i. Zusammen mit der Festlegung $c(1) = 1$ folgt, dass die hier definierte Verkumulierung vollständig ist.

7.4 Diskrete kumulative Logiken

Im Folgenden untersuchen wir n-wertige kumulative Logiken. Wir beschränken uns dabei auf Logiken zweier atomarer Aussagen mit äquidistanten Werten von 0 bis 1.

Die einfachste nicht-triviale n-wertige kumulative Logik ist die 2-wertige Logik. Sie entspricht gerade der klassischen Logik.

Für $n = 3$ gibt es mehrere mögliche kumulative Logiken. Grund für die mehreren Möglichkeiten ist, dass es für die Bewertungen $c(p) = \frac{1}{2}$ und $c(q) = \frac{1}{2}$ zweier nicht identischer und nicht negiert-identischer atomarer Aussagen zwei verschiedene mögliche kumulativ verträgliche Bewertungen der Konjunktion $p \wedge q$ gibt. Denn die Bewertung der Konjunktion ist nach Satz 6.1 genau dann mit den atomaren Bewertungen kumulativ verträglich, wenn:

$$\max(0,\ c(p) + c(q) - 1) \le c(p \wedge q) \le \min(c(p),\ c(q))$$

Und diese Bedingung lässt für $c(p) = \frac{1}{2}$ und $c(q) = \frac{1}{2}$ die beiden Konjunktions-Bewertungen 0 und $\frac{1}{2}$ zu.

Tablle 7.1 listet die möglichen kumulativ verträglichen Konjunktions-Bewertungen.

Tabelle 7.1: Kumulativ verträgliche Konjunktions-Bewertungen aller möglichen 3-wertigen kumulativen Logiken.

$c(p)$	$c(q)$	$c(p \wedge q)$
0	0	0
0	1/2	0
0	1	0
1/2	0	0
1/2	1/2	0, 1/2
1/2	1	1/2
1	0	0
1	1/2	1/2
1	1	1

Die Konjunktions-Bewertung 0 bedeutet minimale Subjektivität. Die Bewertung $\frac{1}{2}$ bedeutet maximale Subjektivität.

Die 3-wertige kumulative Logik maximaler Subjektivität entspricht gerade der 3-wertigen Logik von Lukasiewicz.

Anmerkung:

Die 3-wertige Logik nach Kleese und Priest entspricht keiner der möglichen 3-wertigen kumulativen Logiken. Grund hierfür ist, dass die Bewertung der Subjunktion in der Kleese / Priest-Logik zwar mit den Bewertungen der Subjunktions-Operanden kumulativ verträglich ist, nicht jedoch mit der Bewertung der Konjunktion. Subjunktion und Konjunktion hängen nicht entsprechend Tabelle 4.3 zusammen.

Für $n = 4$ gibt es 16 mögliche verschiedene kumulative Logiken. Tabelle 7.2 zeigt die Konjunktions-Bewertungen der möglichen Logiken.

Tabelle 7.2: Kumulativ verträgliche Konjunktions-Bewertungen aller möglichen 4-wertigen kumulativen Logiken.

$c(p)$	$c(q)$	$c(p \wedge q)$
0	0	0
0	1/3	0
0	2/3	0
0	1	0
1/3	0	0
1/3	1/3	0, 1/3
1/3	2/3	0, 1/3
1/3	1	1/3
2/3	0	0
2/3	1/3	1/3, 2/3
2/3	2/3	0, 1/3
2/3	1	2/3
1	0	0
1	1/3	1/3
1	2/3	2/3
1	1	1

8 der 4-wertigen kumulativen Logiken haben kumulative Konjunktions-Bewertungen, die symmetrisch in den Bewertungen der Konjunktions-Operanden sind. Und die 8 anderen 4-wertigen kumulativen Logiken haben kumulative Konjunktions-Bewertungen, die nicht symmetrisch in den Bewertungen der Konjunktions-Operanden sind.

Wir definieren:

Definition:

Sei L eine Logik und ∘ ein kommutativer Junktor. L erhält die Kommutativität des Junktors ∘ genau dann, wenn:

Für zwei Bewerter c und c' der Logik L mit:

$$c(p) = c'(q), \quad c(q) = c'(p)$$

gilt:

$$c(p \circ q) = c'(p \circ q)$$

Für Bewertungs-bestimmte Junktionen mit gleicher Bewertungs-Funktion unter den Bewertern c und c' bedeutet die Definition gerade die Symmetrie der Bewertungs-Funktion der Junktion:

$$f_\circ(c(p), c(q)) = c(p \circ q) = c'(p \circ q) = f_\circ(c'(p), c'(q)) = f_\circ(c(q), c(p))$$

Anmerkung:

Die Kommutativitäts-Erhaltung bedeutet nicht:

$$c(p \circ q) = c(q \circ p)$$

Diese Beziehung ist für kommutative Junktoren ∘ stets erfüllt.

Vielmehr bedeutet die Kommutativitäts-Erhaltung eine Beziehung zwischen verschiedenen Junktions-Bewertungen einer Logik.

Ein Beispiel für eine nicht Kommutativitäts-erhaltende 4-wertige Logik ist:

Beispiel: (nicht Kommutativitäts-erhaltende 4-wertige kumulative Logik)

Wir betrachten 3 Schwellwert-Bewerter $v^{(1)}$, $v^{(2)}$ und $v^{(3)}$ für zwei Aussagen p und q über die physikalischen Größen r und g. Die Schwellwert-Vektoren $\overrightarrow{t^{(i)}} = \begin{pmatrix} t_r^{(i)} \\ t_g^{(i)} \end{pmatrix}$ der Bewerter seien gegeben durch:

$$\overrightarrow{t^{(1)}} = \begin{pmatrix} \frac{1}{4} \\ \frac{1}{2} \end{pmatrix}, \qquad \overrightarrow{t^{(2)}} = \begin{pmatrix} \frac{3}{4} \\ \frac{1}{4} \end{pmatrix}, \qquad \overrightarrow{t^{(3)}} = \begin{pmatrix} \frac{1}{2} \\ \frac{3}{4} \end{pmatrix}$$

Die Schwellwerte bedeuten, dass Bewerter 1 für die physikalische Größe r besonders empfindlich und für die Größe g normal empfindich ist. Bewerter 2 ist für r besonders unempfindlich und für g besonders empfindlich. Und Bewerter 3 ist für r normal empfindlich und für g besonders unempfindlich.

Die folgende Tabelle zeigt Schwellwert-Bewertungen und die zugehörigen kumulativen Bewertungen für verschiedene Werte der physikalischen Größen r und g.

r	g	$v^{(1)}(p)$	$v^{(1)}(q)$	$v^{(2)}(p)$	$v^{(2)}(q)$	$v^{(3)}(p)$	$v^{(3)}(q)$	$c(p)$	$c(q)$	$c(p{\wedge}q)$
1/3	1/3	1	0	0	1	0	0	1/3	1/3	0
1/3	2/3	1	1	0	1	0	0	1/3	2/3	1/3
2/3	1/3	1	0	0	1	1	0	2/3	1/3	0
2/3	2/3	1	1	0	1	1	0	2/3	2/3	1/3

Für $r = \frac{1}{3}$ und $g = \frac{2}{3}$ ist $c(p) = \frac{1}{3}$ und $c(q) = \frac{2}{3}$ und $c(p \wedge q) = \frac{1}{3}$. Für $r = \frac{2}{3}$ und $g = \frac{1}{3}$ ist $c(p) = \frac{2}{3}$ und $c(q) = \frac{1}{3}$, jedoch $c(p \wedge q) = 0$. Die durch die Schwellwert-Bewerter gegebene Logik erhält die Kommutativität der Konjunktion also nicht.

Beispiele für Kommutativitäts-erhaltende Logiken ergeben sich aus:

Satz 7.4:

Sei ∘ eine kommutative Junktion und L eine Logik mit den Bewertern $c^{(i)}$.

Wenn ∘ einheitlich Bewertungs-bestimmt ist, d.h. wenn eine Funktion $f_\circ$ existiert, sodass für alle Bewerter $c^{(i)}$ in L gilt:

$$c^{(i)}(p \circ q) = f_\circ(c(p), c(q))$$

dann erhält L die Kommutativität der Junktion ∘.

Eine Logik erhält die Kommutativität einer Junktion, wenn die Junktion unter den Bewertungen der Logik einheitlich Bewertungs-bestimmt ist.

Beweis:

Seien c und c' zwei Bewerter der Logik L mit:

$$c(p) = c'(q), \qquad c(q) = c'(p)$$

Dann gilt:

$$\begin{aligned}
c(p \circ q) &= f_\circ(c(p), c(q)) \\
&= f_\circ(c'(q), c'(p)) \\
&= c'(q \circ p) \\
&= c'(p \circ q)
\end{aligned}$$

$\square$

Aus dem Satz folgt z.B., dass die klassische Logik und die Fuzzy-Logik für alle Junktionen Kommutativitäts-erhaltend sind.

Wie im Falle 3- und 4-wertiger diskreter kumulativer Logiken, sind auch für noch höhere Wertigkeiten mehrere verschiedene kumulative Logiken möglich. Die Anzahl der möglichen kumulativen Logiken zweier atomarer Aussagen ergibt sich aus:

Satz 7.5:

Die Anzahl N möglicher n-wertiger kumulativer Logiken zweier atomarer Aussagen ist:

$$N = \begin{cases} 1^{4 \cdot (n-1)} \cdot 2^{4 \cdot (n-3)} \cdot 3^{4 \cdot (n-5)} \cdot \ldots \cdot \left(\frac{n-1}{2}\right)^8 \cdot \left(\frac{n+1}{2}\right) & \text{wenn } n \text{ ungerade} \\[2mm] 1^{4 \cdot (n-1)} \cdot 2^{4 \cdot (n-3)} \cdot 3^{4 \cdot (n-5)} \cdot \ldots \cdot \left(\frac{n}{2}\right)^4 & \text{wenn } n \text{ gerade} \end{cases}$$

Beweis:

Wegen Satz 6.4 ist eine kumulative Logik zweier atomarer Aussagen eindeutig festgelegt durch die Bewertungen der zweistelligen Konjunktion.

Die Bewertung einer zweistelligen Konjunktion ist nach Satz 6.1 genau dann mit den Bewertungen ihrer Operanden kumulativ verträglich, wenn die Abschätzung

$$\max(0, c(p) + c(q) - 1) \le c(p \wedge q) \le \min(c(p), c(q))$$

erfüllt ist.

Mit der Darstellung:

$$c(p) = i_p \cdot \Delta, \qquad c(q) = i_q \cdot \Delta, \qquad \Delta := \frac{1}{n-1}, \qquad i_p, i_q = 0, \ldots, n-1$$

ist die Anzahl k der Konjunktions-Bewertungen, die die Abschätzung erfüllen für gegebene Werte $c(p)$ und $c(q)$:

$$k = \frac{\text{obere Grenze} - \text{untere Grenze der Abschätzung}}{\text{Werte-Abstand}} + 1$$

$$= \frac{\min(c(p), c(q)) - \max(0, c(p) + c(q) - 1)}{\Delta} + 1$$

$$= \min(i_p, i_q) - \max(0, i_p + i_q - (n-1)) + 1$$

$$= \min(i_p, i_q) + \min(0, (n-1) - i_p - i_q) + 1$$

$$= \min(i_p, i_q, (n-1) - i_p, (n-1) - i_q) + 1$$

Die möglichen Werte-Paare (i_p, i_q) liegen im zweidimensionalen Raum auf allen ganzzahligen Gitterpunkten innerhalb eines Quadrats der Kantenlänge $n-1$. Die Anzahl möglicher Konjunktions-Bewertungen für gegebene Werte i_p und i_q ist gerade der Abstand des zu den Werten i_p und i_q gehörenden Gitterpunktes vom Rand des Quadrats vermehrt um 1. Bild 7.12 veranschaulicht den Zusammenhang für $n = 5$.

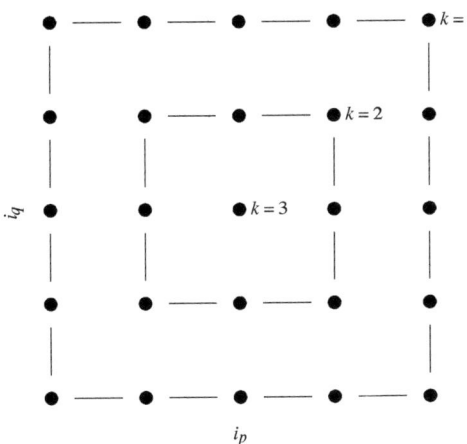

Bild 7.12: Gitterpunkte möglicher Werte-Paare (i_p, i_q) für $n = 5$.

Gitterpunkte mit gleichem Abstand zum Rand des Quadrats repräsentieren Werte-Paare (i_p, i_q) mit gleicher Anzahl k möglicher Konjunktions-Bewertungen. Sie liegen auf Ringen um das Zentrum des Quadrats.

Die Anzahl der Gitterpunkte im äußersten Ring ist die Differenz aus der Anzahl Gitterpunkte im Ring-umschließenden Quadrat und der Anzahl Gitterpunkte im Ring-ausschließenden Quadrat:

$$n^2 - (n-2)^2 = 4 \cdot (n-1)$$

Also gibt es $4 \cdot (n-1)$ Werte-Paare (i_p, i_q), für die es nur eine mögliche Konjunktions-Bewertung gibt.

Die Anzahl der Gitterpunkte im zweitäußersten Ring ist:

$$(n-2)^2 - (n-4)^2 = 4 \cdot (n-3)$$

Also gibt es $4 \cdot (n-3)$ Werte-Paare (i_p, i_q), für die es zwei mögliche Konjunktions-Bewertungen gibt.

Allgemein gilt für $k \leq \frac{n}{2}$:

> Es gibt $N_k = 4 \cdot (n + 1 - 2 \cdot k)$ Werte-Paare (i_p, i_q),
> für die es k mögliche Konjunktions-Bewertungen gibt.

Und für $k = \frac{n+1}{2}$ gilt:

> Es gibt ein Werte–Paar (i_p, i_q),
> für das es $k = \dfrac{n+1}{2}$ mögliche Konjunktions-Bewertungen gibt.

Die Gesamtanzahl N der möglichen Kombinationen aller möglichen Konjunktions-Bewertungen ist das Produkt der Anzahlen der möglichen Konjunktions-Bewertungen aller Werte-Paare (i_p, i_q). Also:

$$N = \prod_{1 \leq k \leq (n+1)/2} k^{N_k}$$

□

8

Wahrheits-Übertragung

8.1 Sorites-Paradox

Das Sorites-Paradox (Haufen-Paradox, sorós: griechisch "Haufen") führt in klassischer Logik zu einem Widerspruch:

Es sei p_i die Aussage, dass i Sandkörner ein Sandhaufen sind. Wenn von einem Sandhaufen mit i Körnern ein Korn entfernt wird, so verbleibt immer noch ein Sandhaufen, und zwar mit $i-1$ Körnern. Also gilt:

$$p_i \rightarrow p_{i-1}$$

Sei n eine sehr große Zahl, z.B. $n = 1\,000\,000$.

Dann gilt p_n, weil $1\,000\,000$ Sandkörner ein Sandhaufen sind.

Aus dem Modus Ponens $(p_n \wedge (p_n \rightarrow p_{n-1})) \rightarrow p_{n-1}$ folgt wegen $p_n \rightarrow p_{n-1}$, dass:

$$p_{n-1}$$

Hiermit wiederum folgt aus dem Modus Ponens $(p_{n-1} \wedge (p_{n-1} \rightarrow p_{n-2})) \rightarrow p_{n-2}$ und $p_{n-1} \rightarrow p_{n-2}$, dass:

$$p_{n-2}$$

Ebenso lässt sich folgern, dass p_{n-3}, p_{n-4}, usw. bis p_0 wahr ist.

Dass p_0 wahr ist, bedeutet: Kein Sandkorn ist ein Sandhaufen.

Kein Sandkorn ist aber kein Sandhaufen. Dies ist ein Widerspruch (Bild 8.1).

$$p_n = 1 \quad \longrightarrow \quad p_{n-1} \quad \longrightarrow \quad p_{n-2} \qquad \dots \qquad p_2 \quad \longrightarrow \quad p_1 \quad \longrightarrow \quad p_0 = 1$$

Bild 8.1: Sorites-Paradox.

In der Kumulations-Logik lässt sich das Sorites-Paradox wie folgt lösen:

Für die Aussagen p_i, $i \in \{0, \dots n\}$ seien n elementare Schwellwert-Bewerter $v^{(j)}$, $j \in \{1, \dots, n\}$ gegeben mit:

$$v^{(j)}(p_i) = \begin{cases} 1 & \text{wenn } i \geq j \\ 0 & \text{wenn } i < j \end{cases}$$

Das heißt, Bewerter j entscheidet, dass j oder mehr als j Sandkörner ein Sandhaufen sind und dass weniger Sandkörner kein Sandhaufen sind.

Die Argumentation:

$$(p_n \wedge (p_n \to p_{n-1}) \wedge (p_{n-1} \to p_{n-2}) \wedge (p_{n-2} \to p_{n-3}) \wedge \dots \wedge (p_1 \to p_0)) \to p_0$$

ist   gültig.   Das   heißt,   wenn   alle   Prämissen p_n, $(p_n \to p_{n-1})$, $(p_{n-1} \to p_{n-2})$, $(p_{n-2} \to p_{n-3})$, $\dots$, $(p_1 \to p_0)$ wahr sind, dann ist auch die Konsequenz p_0 wahr.

Tatsächlich ist die Prämisse p_n kumulativ strikt wahr:

$$c(p_n) = \frac{1}{n}\sum_{j=1}^{n} v^{(j)}(p_n) = \frac{1}{n}\sum_{j=1}^{n} 1 = \frac{n}{n} = 1$$

Die anderen Prämissen der Argumentation, die Subjunktionen $p_i \to p_{i-1}$, sind zu einem hohen Grad, jedoch nicht strikt wahr, weil für jede Subjunktion genau eine der elementaren Bewertungen falsch ist:

$$
\begin{aligned}
c(p_i \to p_{i-1}) &= \frac{1}{n}\sum_{j=1}^{n} v^{(j)}(p_i \to p_{i-1}) \\
&= \frac{1}{n}\left(\sum_{j=1}^{i-1} v^{(j)}(p_i \to p_{i-1}) + v^{(i)}(p_i \to p_{i-1}) + \sum_{j=i+1}^{n} v^{(j)}(p_i \to p_{i-1})\right) \\
&= \frac{1}{n}\left(\sum_{j=1}^{i-1} (1 \to 1) + (1 \to 0) + \sum_{j=i+1}^{n} (0 \to 0)\right) \\
&= \frac{1}{n}((i-1) + 0 + (n-i)) \\
&= \frac{n-1}{n}
\end{aligned}
$$

Die Subjunktionen übertragen die Wahrheit von p_i zu p_{i-1} daher zu einem hohen Grad, aber nicht vollständig:

$$c(p_{i-1}) = \frac{1}{n} \sum_{j=1}^{n} v^{(j)}(p_{i-1})$$
$$= \frac{1}{n} \sum_{j=1}^{i-1} 1$$
$$= \frac{1}{n} \left(\sum_{j=1}^{i} 1 - 1 \right)$$
$$= \frac{1}{n} \sum_{j=1}^{i} 1 - \frac{1}{n}$$
$$= c(p_i) - \frac{1}{n}$$

Für die Aussage p_0 folgt

$$c(p_0) = c(p_1) - \frac{1}{n}$$
$$= \left(c(p_2) - \frac{1}{n} \right) - \frac{1}{n}$$
$$= \left(\left(c(p_3) - \frac{1}{n} \right) - \frac{1}{n} \right) - \frac{1}{n}$$
$$= \ldots$$
$$= \left(\ldots \left(\left(c(p_n) - \frac{1}{n} \right) - \frac{1}{n} \right) \ldots \right) - \frac{1}{n}$$
$$= c(p_n) - n \cdot \frac{1}{n}$$
$$= 1 - 1$$
$$= 0$$

Kein Sandkorn ist strikt kein Sandhaufen. Es besteht kein Widerspruch. Das Sorites-Paradox ist in der Kumulations-Logik nicht paradox (Bild 8.2 und Tabelle 8.1).

$$c(p_n) = 1 \xrightarrow[-\frac{1}{n}]{} c(p_{n-1}) \xrightarrow[-\frac{1}{n}]{} c(p_{n-2}) \quad \dots \quad c(p_2) \xrightarrow[-\frac{1}{n}]{} c(p_1) \xrightarrow[-\frac{1}{n}]{} c(p_0) = 0$$

Bild 8.2: Sorites-Paradox in der Kumulations-Logik.

Tabelle 8.1: Elementare und kumulative Bewertungen des Sorites-Paradox.

$v^j(p_i)$	$i = n$	$n-1$	$n-2$	$\dots$	2	1	0
$j = n$	1	0	0	$\dots$	0	0	0
$n-1$	1	1	0	$\dots$	0	0	0
$n-2$	1	1	1	$\dots$	0	0	0
$\vdots$	$\vdots$	$\vdots$	$\vdots$		$\vdots$	$\vdots$	$\vdots$
2	1	1	1	$\dots$	1	0	0
1	1	1	1	$\dots$	1	1	0
$c(p_i)$	1	$1 - \frac{1}{n}$	$1 - \frac{2}{n}$	$\dots$	$\frac{2}{n}$	$\frac{1}{n}$	0

Die Auflösung des Sorites-Paradox in der Kumulations-Logik beruht auf dem Prinzip der unvollständigen Wahrheitsübertragung durch Subjunktionen. Im Folgenden verallgemeinern wir das Prinzip der Wahrheitsübertragung durch Subjunktionen auf alle Fälle möglicher Wahrheitsveränderungen.

8.2 Wahrheitsverlust und -gewinn

Im Falle des Sorites-Paradox werden kumulative Wahrheiten von den Aussagen p_i zu den Aussagen p_{i-1} mit einem bestimmten Grad übertragen.

Die auf die Konsequenz p_{i-1} übertragene Wahrheit $c(p_{i-1})$ ist im Falle des Sorites-Paradox gleich der zu übertragenden Wahrheit $c(p_i)$ der Prämisse p_i vermindert um den Wahrheits-Verlust $c(\neg (p_i \rightarrow p_{i-1})) = \frac{1}{n}$ der Subjunktion $p_i \rightarrow p_{i-1}$:

$$c(p_{i-1}) = c(p_i) - c(\neg (p_i \rightarrow p_{i-1}))$$

Die Subjunktion überträgt die kumulative Wahrheit bis auf ihren Verlust.

Allgemein gilt für die Übertragung kumulativer Wahrheit durch Subjunktionen:

Satz 8.1:

$$c(q) = c(p) - c(\neg (p \rightarrow q)) + c(\neg (q \rightarrow p))$$

Diese Beziehung bedeutet:

Die auf die Konsequenz q der Subjunktion übertragene Wahrheit $c(q)$ ist gleich der zu übertragenden Wahrheit $c(p)$ der Prämisse p, vermindert um den Wahrheits-Verlust $c(\neg (p \rightarrow q))$ der Subjunktion $p \rightarrow q$, vermehrt um den Wahrheitsgewinn durch Wahrheitsverlust $c(\neg (q \rightarrow p))$ der rückwärtigen Subjunktion $q \rightarrow p$.

Beweis:

Nach Tabelle 4.3 ist:

$$\begin{aligned}
c(\neg (p \rightarrow q)) &= 1 - c((p \rightarrow q)) \\
&= 1 - (1 - c(p) + c(p \wedge q)) \\
&= c(p) - c(p \wedge q)
\end{aligned}$$

Und entsprechend:

$$c(\neg (q \rightarrow p)) = c(q) - c(p \wedge q)$$

Hieraus folgt:

$$\begin{aligned}
c(q) &= c(p) - (c(p) - c(p \wedge q)) + c(q) - c(p \wedge q) \\
&= c(p) - c(\neg (p \rightarrow q)) + c(\neg (q \rightarrow p))
\end{aligned}$$

$\square$

Für Wahrheitsgewinn, Wahrheitsverlust und Wahrheitsübernahme der Konsequenz einer Subjunktion sind verschiedene Teile der elementaren Bewerter der kumulativen Bewertung verantwortlich.

Bild 8.3 veranschaulicht die Aufteilung grafisch.

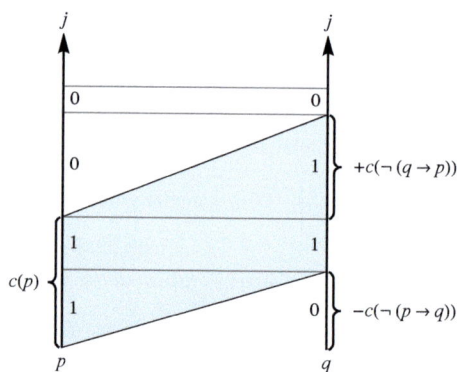

Bild 8.3: Wahrheitsübertragung durch Subjunktionen.

Wichtige Spezialfälle der allgemeinen Wahrheits-Übertragungsformel sind:

Wenn:

$$c(q \rightarrow p) = 1$$

dann ist:

$$c(q) = c(p) - c(\neg\, (p \rightarrow q))$$

(Wahrheits-Übertragung ohne Wahrheitsgewinn)

Die Wahrheits-Übertragungen von p_i auf p_{i-1} des Sorites-Paradox entsprechen diesem Fall.

Und wenn:

$$c(p) = 1$$

dann ist:

$$c(q) = 1 - c(\neg\, (p \rightarrow q)) + c(\neg\, (q \rightarrow p)) = 1 + c(p \rightarrow q) - c((q \rightarrow p))$$

(Wahrheits-Übertragung von strikter Prämisse)

Die Wahrheits-Übertragung im ersten Schritt des Sorites-Paradox entspricht diesem Fall.

8.3 Charakterisierung der Äquivalenz und Kontravalenz durch Wahrheitsverlust und -gewinn

Auch die Äquivalenz lässt sich durch Wahrheitsverlust und -gewinn charakterisieren:

Satz 8.2:

$$c(p \equiv q) = 1 - c(\neg (p \to q)) - c(\neg (q \to p))$$

Beweis:

Wegen:

$$
\begin{aligned}
c(\neg (p \to q)) &= 1 - c((p \to q)) \\
&= 1 - (1 - c(p) + c(p \wedge q)) \\
&= c(p) - c(p \wedge q)
\end{aligned}
$$

und:

$$c(\neg (q \to p)) = c(q) - c(p \wedge q)$$

ist:

$$
\begin{aligned}
c(p \equiv q) &= 1 - c(p) - c(q) + 2 \cdot c(p \wedge q) \\
&= 1 - (c(p) - c(p \wedge q)) - (c(q) - c(p \wedge q)) \\
&= 1 - c(\neg (p \to q)) - c(\neg (q \to p))
\end{aligned}
$$

□

Diese Formel kann interpretiert werden als:

Der kumulative Wahrheitswert der Äquivalenz ist der Wahrheitswert der strikt wahren Aussage vermindert um den Wahrheitsverlust (d.h. die Wahrheitsveränderung von 1 zu 0) von *p* nach *q*, vermindert um den Wahrheitsgewinn (d.h. die Wahrheitsveränderung von 0 zu 1) von *p* nach *q*.

Bild 8.4 veranschaulicht die Aufteilung der elementaren Bewerter der Äquivalenz in Anteile für Wahrheitsgewinn, Wahrheitsverlust und Wahrheitsübernahme.

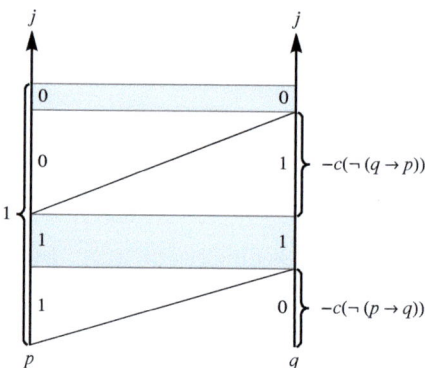

Bild 8.4: Anteile elementarer Bewerter der Äquivalenz.

Entsprechendes gilt für die Kontravalenz:

Satz 8.3:

$$c(p \veebar q) = c(\neg (p \rightarrow q)) + c(\neg (q \rightarrow p))$$

Beweis:

Entsprechend Tabelle 4.3 ist:

$$c(p \veebar q) = c(\neg (p \equiv q))$$

Mit Satz 8.2 folgt:

$$\begin{aligned}
c(p \veebar q) &= c(\neg (p \equiv q)) \\
&= 1 - c(p \equiv q) \\
&= 1 - (1 - c(\neg (p \rightarrow q)) - c(\neg (q \rightarrow p))) \\
&= c(\neg (p \rightarrow q)) + c(\neg (q \rightarrow p))
\end{aligned}$$

□

Diese Formel kann interpretiert werden als:

Der kumulative Wahrheitswert der Kontravalenz ist die Summe aus Wahrheitsverlust (d.h. die Wahrheitsveränderung von 1 zu 0) von p nach q und Wahrheitsgewinn (d.h. die Wahrheitsveränderung von 0 zu 1) von p nach q.

Bild 8.5 veranschaulicht die Aufteilung der Kontravalenz in Anteile für Wahrheitsgewinn, Wahrheitsverlust und Wahrheitsübernahme.

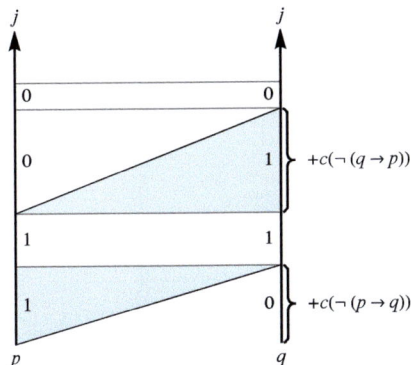

Bild 8.5: Anteile elementarer Bewerter der Kontravalenz.

... Wahr ist, was wir wahr nehmen ...